油砂、重油和沥青
——从开采到炼制

[美] Dwijen K. Banerjee 著

杨建平 王宏远 郭二鹏 等译

石油工业出版社

内 容 提 要

本书介绍了油砂、重油和沥青等非常规能源，内容涵盖了重油行业上游、中游和下游的相关知识，主要包括重油的性质及分析技术、从开采到炼制的流程、提高采收率技术等内容，还对重油潜在的改质技术、面临的挑战及未来提出了自己的观点。

本书既可供石油和石化行业的决策者、工程师、研究人员参考，也可作为重油行业培训资料及相关院校的专业教材。

图书在版编目（CIP）数据

油砂、重油和沥青：从开采到炼制／（美）德威珍·班纳吉（Dwijen K. Banerjee）著；杨建平等译.—北京：石油工业出版社，2019.2
书名原文：Oil Sands, Heavy Oil & Bitumen：From Recovery to Refinery
ISBN 978-7-5183-3067-6

Ⅰ.①油… Ⅱ.①德…②杨… Ⅲ.①油田开发-基本知识②石油炼制-基本知识 Ⅳ.①TE34②TE62

中国版本图书馆CIP数据核字（2018）第270103号

Translation from the English language edition："Oil Sands, Heavy Oil & Bitumen: From Recovery to Refinery" by Dwijen K. Banerjee.
Copyright © 2012 by PennWell Corporation, All Rights Reserved.
This edition is published under licence of PennWellCorporation.

本书经美国PennWell Corporation授权翻译出版并在中国大陆地区销售，简体中文版权归石油工业出版社有限公司所有，侵权必究。
北京市版权局著作权合同登记号：01-2019-0470

出版发行：石油工业出版社
　　　　　（北京安定门外安华里2区1号楼　100011）
　　网　　址：www.petropub.com
　　编辑部：（010）64523738
　　图书营销中心：（010）64523633
经　　销：全国新华书店
印　　刷：北京中石油彩色印刷有限责任公司

2019年2月第1版　2019年2月第1次印刷
787×1092毫米　开本：1/16　印张：9.25
字数：170千字

定价：120.00元
（如出现印装质量问题，我社图书营销中心负责调换）
版权所有，翻印必究

译者前言

2011年7月，在加拿大卡尔加里，Cindy Chen（一个很和蔼的华人）向我介绍了几本重油开发专业的书籍，我们曾经翻译了其中的一本，但由于不了解出版的流程，待完成翻译与出版社联系后，才知道那本书的中文版权已被别人买走了，现在那份书稿还在书架上吃灰，这是令人非常沮丧的一件事。

Dwijen K. Banerjee 博士在加拿大、美国、日本、罗马尼亚和委内瑞拉的能源机构与公司中工作了30多年，参与了许多重油开发与改质的项目，目前在美国 Tulsa 大学担任研究和技术开发部门副主席。他编写的 *Oil Sands*, *Heavy Oil & Bitumen*: *from Recovery to Refinery* 一书与我们当初翻译的那本书面向的读者很相似，能够给重油开发和炼制行业的工程师们提供帮助，于是我们重拾信心，组织起来，开始翻译这本书。

本书涵盖了油砂、重油、沥青的上游、中游和下游相关知识，共分十一章，第一章介绍了油砂、重油、沥青的定义、成因及加拿大艾伯塔、美国阿拉斯加和委内瑞拉奥里诺科重油带的储量情况；第二、第三章介绍了重油的化学组分、性质及室内分析技术；第四章介绍了重油从开采到炼制的流程；第五章介绍了重油开发技术，特别是就地开采技术；第六章介绍了重油的管道运输；第七至第九章介绍了重油改质技术及未来发展方向；第十章介绍了重油对传统炼厂的挑战；第十一章畅想了重油开发走向绿色的可行性。

本书由杨建平组织翻译，郭二鹏统稿。第一、第二章由郭二鹏翻译；第三至第五章由王宏远翻译；第六至第九章由王诗中、赵芳、杜宣、王梦颖翻译；第十、第十一章由高永荣翻译；前言、目录及附录部分由魏耀翻译。

本书由国家科技重大专项课题（2016ZX05012-002）资金赞助，在翻译过程中得到了项目长李秀峦博士的大力支持，在此表示感谢。

衷心感谢我们的家人，任照锦、高雪、赵卫蕊、王睿宁，在翻译此书的过程中给予我们的关心与鼓励。

由于译者水平有限，在翻译过程中难免存在一些缺点和不足，恳请读者批评指正。

原书前言

在20世纪70年代后期，我刚刚进入石油领域并为我的博士学位努力工作时，石油输出国组织（OPEC）对世界石油工业有着巨大的影响。婴儿潮一代还记得70年代臭名昭著的"石油输出国组织冲击"，这在美国引起恐慌，并对全世界产生了直接的经济影响。25年后，这种担忧已经减弱。OPEC在石油行业的控制能力大幅下降，主要是因为全球非常规资源的日益增长。在沙特阿拉伯的常规能源之后，加拿大发现的巨大油砂矿床改变了一切，这是第二大储量。很少有人会不同意能源的平衡已从中东转移到西方。加拿大油砂已经成为焦点，并将成为整个世界未来的主要能源，只要石油价格居高不下，它们将继续存在。

目前，对环境的日益关注使得能源行业逐渐转向清洁替代能源及可再生能源，减少对油气资源的依赖，这些都将对能源产生相当大的影响。尽管如此，这种转变也不会扭转对石油的需求，世界还在高度依赖油气资源，并将持续，因此，加拿大油砂在未来仍然是主要的能源。但是请记住，要更新到新的能源系统，我们需要一批熟练掌握新兴技术的专业人才。这将需要广泛的研究、数百万美元的投资和庞大的基础设施，还要有消费者能承受的开发成本和强大的技术，这都需要时间。

任何一个来到艾伯塔省北部的游客，都可以看到阿萨巴斯卡河北岸森林的广阔黑土地。此外，游客还可能会注意到类似于其他露天采矿的繁忙采矿作业。那些400t重的看起来像怪物的挖掘机正在用铲子挖出黑色的油砂，再将砂子装到另一辆大卡车上，然后将砂子运输到下一个地点，再从油砂中提取出黑色的石油，这种黑油通常称为沥青。

2008年，当油价飙升至150美元/bbl❶时，艾伯塔省就像20世纪50年代加利福尼亚州的淘金热一样，在过去的10年中（2002—2012年——译者注），重油的商业化开发变得如此有利可图，几乎世界上每家能源公司都涌向艾伯塔省北部的一个小镇——Fort McMurray。正如旧金山在淘金热时期所做的那样，Fort McMurray正在成为新兴的城市。因此，美国成为加拿大最大的石油进口国，每天约$100×10^4$bbl沥青，并且这个数字仍在增长。

本书概述了油砂、重油和沥青的基本情况，使科学家、工程师和研究生能够有兴趣了解正在蓬勃发展的非常规油气资源。本书还可以帮助那些在传统石油行业中经验丰富，但没有油砂和重油开发经验的初级和高级管理人员，以便他们能够在未来处理越来越重的原油。此外，我也希望本书能够作为石油工程高级课程的补充（没有传统石油和炼化行业经验的读者，可以首先参考William Leffler的 *Petroleum Refining in Nontechnical Language* 一书，这与其他读者普遍感兴趣的文献一起包括在附录B中）。

这是第一本涵盖各种主题的书，包括重油的上游、中游和下游，即从开采到炼制的非常规能源。本书描述了重油和沥青的基本物理和化学性质，概述了分析技术，这些技术会帮助到在重油实验室工作的分析化学工程师，并且还讨论了用于管道运输的各种类型的原油混合物。

沥青是一种质量极差的原油。它是一种缺氢资源，需要能量密集且昂贵的步骤才能开发和炼制，本书的几个章节专门介绍了这些技术。在艾伯塔省北部，沥青是从地下开采的，因为它太稠、太重，黏度更大，几乎不能流动，只有当它埋藏足够浅时，才能使露天采矿变得经济，否则必须使用其他技术，譬如注入水蒸气。

有一种开发方式是就地开采，需要大量的天然气产生用于开采沥青的水蒸气。在我看来，不应该用一种更清洁的能源（如天然气）来开发污染、对环境不友好的沥青（见第十一章）。第九章讨论了沥青开采和炼制（环保的沥青工

---

❶ 1bbl（美石油）= 158.9873L。

艺）新的综合技术，在这个过程中，天然气置换了沥青中最重的部分。

在重油研究与开发领域工作的25年来，我一直从事重油的开采与加工，同时还参与了多个国家能源升级项目。然而，为了避免涉及新技术任何机密数据，本书并不讨论技术的详细过程数据。我也不支持任何特定的新兴开发技术，只是针对这些技术进行讨论。主要是因为我们对传统碳氢化合物的认识仍不成熟。

例如，现代分析技术及数值模拟技术被广泛应用于预测重油的性质与开发过程设计。然而，由于新的非常规能源——重油和沥青组成过于复杂，现有的分析技术难以进行预测和模拟。尽管一些常规能源专家采用数值模拟方法来预测非常规资源的特征和开发过程，但获得准确的模拟结果仍然是一个巨大的挑战。因此，在不完全了解数据来源的情况下，读者应该谨慎使用数据。

一方面，全球原油供应压力越来越大，开采的原油品质也在不断变差；另一方面，由于严格的环保法规，人们对于原油高品质炼制技术的期望越来越高。工程师和科学家正在努力寻找技术，将劣质原油转化为高质量可运输的原油。在开发的每一步，包括开采、输送、改质和炼制等，石油工业都在进行技术攻关创新，用可以接受的环保方式处理非常规原油。然而，任何项目的成本在很大程度上都取决于每个阶段的能源效率，直至最终产出。因此，一如既往，经济的决定性高于技术。

我相信本书将成为技术研究人员的参考。此外，我引用了几本关于重油的书和文章，这些书和文章对于感兴趣的读者来说将是更详细信息的宝贵来源。

实际上，本书中的每项技术说明都被简化，并采用数字形式表达，这对非英语母语的读者来说很有意义，因为重油开发领域的大部分工作是由加拿大和委内瑞拉的研究人员完成的。我希望本书总结的有关油砂、重油和沥青的现有知识，会持续推动这一领域的技术攻关与研究。虽然本书主要涉及油砂业务的商业方面，较少涉及学术方面，但仍有大量的研发项目有待完成。

目 录

第一章 绪论 (1)

第一节 油砂、重油和沥青的定义 (1)

第二节 油砂和沥青的历史 (2)

第三节 超重油与沥青油藏和储量 (4)

参考文献 (8)

第二章 沥青的化学组分与性质 (9)

第一节 油砂与沥青的组分 (9)

第二节 沥青质及其在沥青中的作用 (13)

第三节 沥青的 SARA 分类 (15)

第四节 蒸馏与模拟蒸馏 (18)

第五节 渣油 (21)

第六节 金属 (23)

第七节 氧和 TAN (24)

第八节 CCR (24)

第九节 分子量 (25)

第十节 沥青表征面临的挑战 (25)

参考文献 (26)

第三章 分析技术 (28)

第一节 密度和 API 重度 (30)

第二节 黏度 (31)

第三节 沥青质分析 (34)

第四节 SARA 分析 (34)

第五节 蒸馏与高温模拟蒸馏 (36)

第六节 CHNS (36)

第七节 金属 (37)

  第八节 TAN ……………………………………………………………（37）
  第九节 水 …………………………………………………………（37）
  第十节 重油馏分分析所面临的挑战 ……………………………（37）
  参考文献 …………………………………………………………（38）

第四章 从开采到炼制 ……………………………………………（39）

  第一节 从开采到炼制的主要步骤 ……………………………（39）
  第二节 确定沥青价值所面临的挑战 ……………………………（42）

第五章 沥青生产和提高采收率 ……………………………………（45）

  第一节 露天开采 …………………………………………………（45）
  第二节 原位开采技术 ……………………………………………（46）
  第三节 原位开采和改质技术面临的挑战 ………………………（52）
  第四节 新兴开采技术的范式转变 ………………………………（53）
  参考文献 …………………………………………………………（54）

第六章 重油与沥青的运输 ……………………………………………（55）

  第一节 管道技术参数 ……………………………………………（55）
  第二节 凝析油 ……………………………………………………（56）
  第三节 合成原油 …………………………………………………（56）
  第四节 管道选择 …………………………………………………（56）
  第五节 管道输送混合物的组成分析 ……………………………（59）
  第六节 管道工业面临的挑战 ……………………………………（61）
  参考文献 …………………………………………………………（63）

第七章 重油与沥青改质 ………………………………………………（64）

  第一节 为什么要将沥青改质 ……………………………………（64）
  第二节 合成原油与常规原油 ……………………………………（65）
  第三节 改质程度 …………………………………………………（66）
  第四节 主要改质工艺 ……………………………………………（67）
  第五节 沥青改质面临的挑战 ……………………………………（74）
  第六节 催化剂行业面临的挑战 …………………………………（75）

参考文献 ………………………………………………………………………（76）

第八章　潜在的重油改质技术 ……………………………………………（77）
　　第一节　改质技术和原料性质 …………………………………………（77）
　　第二节　脱碳工艺 ………………………………………………………（78）
　　第三节　溶剂脱沥青 ……………………………………………………（84）
　　第四节　加氢技术 ………………………………………………………（87）
　　第五节　加氢效率 ………………………………………………………（91）
　　第六节　渣油加氢裂化工艺 ……………………………………………（93）
　　第七节　发展阶段 ………………………………………………………（97）
　　参考文献 ………………………………………………………………（101）

第九章　改质项目方案和洁净沥青技术的未来 …………………………（103）
　　第一节　商业改质工厂当前的情况 ……………………………………（104）
　　第二节　洁净沥青改质厂 ………………………………………………（106）
　　第三节　Black Diamond 工艺 …………………………………………（114）
　　第四节　洁净煤沥青工艺 ………………………………………………（116）
　　第五节　氢气生产和气化 ………………………………………………（118）
　　参考文献 ………………………………………………………………（119）

第十章　非常规石油对传统炼厂的挑战 …………………………………（121）
　　第一节　合成原油提炼中的难题 ………………………………………（121）
　　第二节　SynBit 提炼中的难题 …………………………………………（122）
　　第三节　SynDilBit 提炼中的难题 ………………………………………（123）
　　第四节　DilBit 提炼中的难题 …………………………………………（123）

第十一章　最终畅想——走向绿色 ………………………………………（125）
　　参考文献 ………………………………………………………………（127）

附录 A　术　语 ……………………………………………………………（128）

附录 B　附加读物 …………………………………………………………（131）

附录 C　合作人员 …………………………………………………………（133）

第一章 绪 论

第一节 油砂、重油和沥青的定义

石油行业将全世界人们都熟悉的"石油"和"原油"这两个术语称为"常规石油"。常规石油几乎存在于世界各地，其主要特性就是轻而且黏度低，使用常规方法即可将其从地下开采出来。在某些地方只要挖一口井便可采出原油。我们应该还记得，2010年夏天，墨西哥湾 Macondo 油田那场海上事故带给我们的恐慌——原油通过破损的钻机在海底发生泄漏，对水质造成污染，泄漏的原油最终扩散到美国的墨西哥湾沿岸。如果当初泄漏的是重油，它们一定会因为比水重、比水黏的性质而保持在海底。正是由于重油这样的性质，无法使用常规方法开采，因此将其称为"非常规石油"。

1980年的世界石油大会首次对重油的国际定义进行了讨论，此后，美国能源部（DOE）通过联合国培训研究院（UNITAR，联合国的一个国际团体）继续开展该项工作。该团体最终确定了这样的定义：重油就是 API 重度小于 21°API、在原始油藏温度下黏度为 100~10000cP[1]的脱气原油（不含气原油）。选择用脱气原油来定义重油是因为这种油易于处理，使用现有标准分析技术即可测定其性质。相比之下，含气原油（取自油藏的实际岩心样品）代表性样品的获取、处理和分析都很困难。

后来，世界石油大会对 UNITAR 的定义稍加修改，于 1987 年采用。此后，委内瑞拉又将 API 重度小于 10°API、黏度低于 10000cP 的原油自行定义为超重油。加拿大的重油是从油砂或碳酸盐岩中获得的，相对而言，其 API 重度小于 10°API，油藏条件下的黏度高于 10000cP。加拿大重油是最黏稠的烃，在室温下呈固态，现在全世界都认为它是沥青。

当初采用重油（API 重度小于 21°API）定义的时候，黏度低于 1000cP 的常规原油仍然主导着国际市场。现在，市场对非常规原油的需求越来越大，为了适应这种需求，这个定义应该修改一下。为了区分 API 重度为 10~21°API 的低

---

[1] 1cP=1mPa·s。

黏度（低于1000cP）原油与API重度小于10°API、黏度高于1000cP的真正"非常规重油"，应该将前者称为"常规重油"。

下面这个例子表明了行业上对这二者从定义上加以区分的必要：为了实现沥青的管道运输，艾伯塔的沥青生产商花费数百万美元对沥青（API重度小于10°API）进行改质，将其API重度提高到20°API，黏度降低到1000cP。虽然这种沥青在技术上已经不再是重油，但是根据目前通用的重油定义，它仍然属于重油。

图1-1给出了重油和沥青的定义。水的API重度为10°API，这个值就是（非常规）超重油和常规重油之间的明确界限。然而，以黏度而不是API重度来定义重油则更为准确。行业上认为API重度小于10°API、黏度为1000~10000cP的原油是超重油，黏度高于10000cP的原油是沥青。

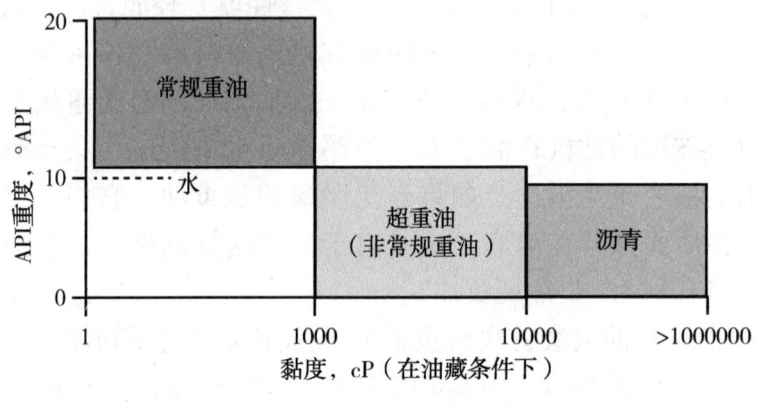

图1-1　重油和沥青的定义

沥青就是从加拿大油砂中获得的原油，这样记会容易些。请注意，有些人将油砂错误地称为"焦油砂"。尽量不要使用该术语，因为油砂既不是焦油，也不是砂。焦油不是自然存在的物质，而是重油经过剧烈热解后的剩余产物。另请注意，脱油沥青和热解沥青实际上是重油或沥青经过加工后的剩余产物，不要将它们与沥青混为一谈。

超重油和沥青除黏度以外的性质、工艺条件和改质技术都是相同的。因此，为避免重复，同时也为了简化起见，本书中统一使用"沥青"这一术语，只在需要对二者加以区分时才分别使用超重油和沥青的术语。

第二节　油砂和沥青的历史

油砂和沥青的历史起源于加拿大艾伯塔东北部。沥青又重又稠，在正常条件下几乎无法流动。油砂和沥青的形成可追溯到恐龙时代以前的泥盆纪。现在大家广泛接受这样一个假说：常规原油经过"生物降解"后在海水的携带下发生运移，形成沥青。在沉积区域的长度和深度方向上，生物降解程度差别很大。支持这一假说的科学证据表明，沥青中的生物降解程度与 C_{20} 以下正构烷烃和单环芳烃在沉积区域内的残留烃量直接相关。与降解原油相比，在同一片区域内发现的未降解原油中正构烷烃的浓度更高。科学家们通常通过测定 C_{20} 以下正构烷烃的浓度来测定生物降解程度。饱和环烃不受生物降解的影响[1]。

科学家们在确定生物降解程度时将 C_{17}—C_{18} 正烷烃作为生物指标，C_{17}—C_{18} 正构烷烃的相对百分比趋势如图 1-2 所示。与非常规重油（超重油）相比，C_{17}—C_{18} 在常规重油中的浓度最高，在沥青中的浓度最低。由于生物转化反应对环境的依赖程度很高，因此现在的观念普遍认为生物降解是导致地下构造非均质性的主要原因。

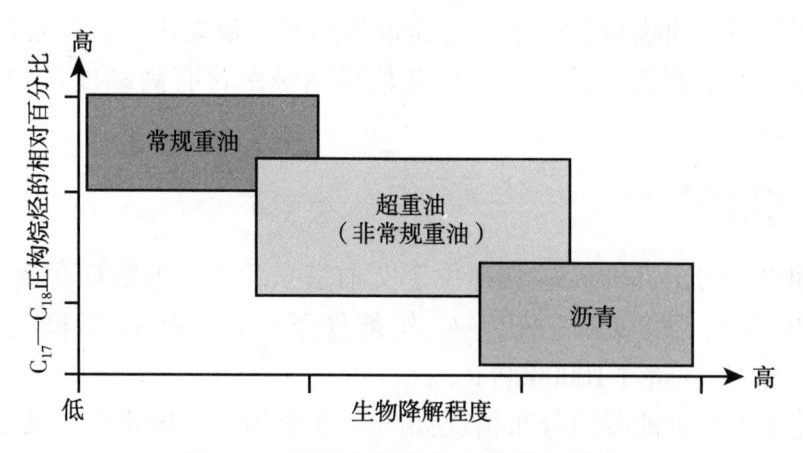

图 1-2 重油和沥青的生物降解趋势

请注意，多环芳烃和硫组分的相对浓度随着生物降解程度的提高而增加，但是其绝对浓度没有增加。这是因为与未降解重油相比，C_{20} 以下正构烷烃中的低分子烃浓度降低了。还有一个假说认为，沥青是因为常规原油支链发生热降解而形成的，这已不再为大家所接受。

关于为什么支链的降解会使沥青具有较重芳烃的特性还有另外一种解释，那就是"水洗"理论。该理论假设低分子烃族（C_{20} 以下正构烷烃）的支链在海水运送过程中被打断，而后蒸发掉或被水冲走。这样，油藏就失去了较轻的组分，只剩下较重的残渣。

沥青的结构具有不确定性，这主要是因为其结构中含有大量的"渣油馏分"，它们是一些非常大的分子，在失去小分子量馏分后残留下来。油砂中的油在运移过程中一直受到自然分离的影响，类似现象会发生在柱色谱分离过程中。在此过程中，较大的分子被保留下来，较轻的分子被分离出去；或芳烃被保留下来，脂肪烃被分离出去。

概括起来，由于砂和沥青在环境沉积上的差异以及沥青的化学性质，艾伯塔油藏本质上具有很强的非均质性。理解非均质性非常必要，因为这种性质使得开采过程极具挑战性。由于流体流动的稳定性受油藏黏度和密度差异的影响，因此地下油藏的非均质性会妨碍蒸汽腔的操作（在第五章中讨论）。不过，本书不对油藏性质做详细讨论。

第三节 超重油与沥青油藏和储量

世界上发现的重油油藏有不同的类型和规模，其中加拿大艾伯塔、美国阿拉斯加和委内瑞拉奥里诺科重油带的油藏规模最大，勘探程度最高。艾伯塔油藏不同于阿拉斯加油藏和奥里诺科重油带的油藏。根据定义，阿拉斯加油藏和奥里诺科油带的油藏属于超重油，而艾伯塔油藏由含有高黏度烃的油砂组成，因而属于沥青。

一、艾伯塔

几乎加拿大的全部油砂矿藏都位于艾伯塔东北部，地表面积为50000km^2。油砂的API重度为8~12°API，矿藏条件下[平均矿藏温度为10~12℃（50~52℉）]的黏度超过1000000cP。

艾伯塔主要沥青油藏的分布情况如图1-3所示。准确来说，艾伯塔有4个主要油藏：阿萨巴斯卡油藏是东北部最大的油藏，其南部的冷湖油藏是第二大油藏，其西部的和平河油藏和沃巴斯卡油藏是另外两个小一些的油藏。

根据能源资源保护委员会（ERCB）2010年的最新估算，艾伯塔的沥青储量约为1.8×10^{12}bbl，或2800×10^{8}m^3。然而，探明储量只有1770×10^{8}bbl（现有技术下的可采储量）[2,3]。其中，大约20%的储量可通过露天开采（在第五章中讨论）获得，剩余的80%储量需要通过原位开发技术来开采。

阿萨巴斯卡拥有最大的沥青油藏。2009年，其露天开采的沥青产量为82.5×10^{4}bbl/d，使用层内技术开采的沥青产量为30×10^{4}bbl/d。冷湖油藏和和平河油藏均采用层内技术开采，产量分别为31.8×10^{4}bbl/d和4.6×10^{4}bbl/d。

艾伯塔油砂矿藏的深度不一，在北部仅存于地表，在南部则深入地下600m以上。同时，储层厚度在北部的地表只有几米，在南部则增加到65~100m。沥青的API重度也从北部的6°API增加到南部的12°API。艾伯塔的最北部就是阿萨巴斯卡地区，那里的沥青采用露天开采方法，开采深度约为75m。地表的露天矿使用卡车和铲车来开采沥青(详细讨论见第五章)。大约20%的阿萨巴斯卡油藏露天开采,沥青的产量有$(300\sim350)\times10^8$bbl。往南,在深度超过75m的地方便无法进行露天开采了,从这个深度开始使用原位开采技术。随着油藏深度的增加,使用的原位开采技术也不尽相同,比如蒸汽辅助重力泄油(SAGD)技术和蒸汽吞吐(CSS)技术(SAGD和CSS的详细介绍见第五章)。再往南到了冷湖地区,油藏深度达到300~600m(1000~2000ft)。

图1-3 艾伯塔的油砂矿藏分布图

露天开采曾经是沥青开采的首选技术,其目前的应用范围仍然超过其他技术。根据ERCB的统计,2009年的露天开采产量远远超过应用原位开采技术的产量。但是ERCB预测,到2015年时原位开采产量将超过露天开采产量。地下油藏的非均质性很强,只能通过注蒸汽开采。

如图1-4所示,从北向南随着埋深的增加,沥青变得越来越轻。该地区的平均孔隙度为30%~35%,平均渗透率为3000~5000mD。渗透率是测量液体在油藏中油砂颗粒间流动性的尺度,单位是D。根据ERCB的统计,2009年美国每天从加拿大进口约100×10^4bbl的沥青[4]。

二、委内瑞拉

委内瑞拉4个主要超重油油藏的分布情况如图1-5所示。这些油藏平行于

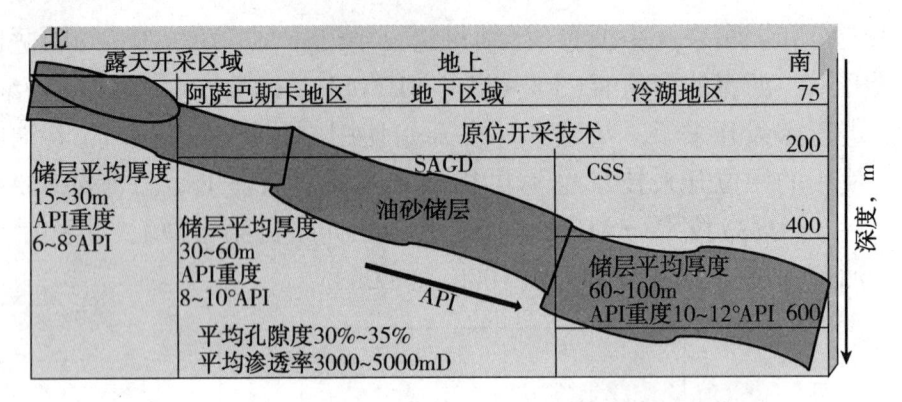

图 1-4　艾伯塔的油砂矿藏剖面图(未按比例尺绘制)

奥里诺科河北岸分布,沿奥里诺科石油带从东向西延伸。油藏从东到西的长度为 500~600km,深度为 350~1000m(1150~3280ft)。

图 1-5　委内瑞拉的主要超重油油藏

委内瑞拉的 4 个主要超重油油藏从东到西分别是 Cerro Negro 油藏、Hamaca 油藏、Zuata 油藏和 Machete 油藏。

这些油藏的地表面积为 55000km^2,大约蕴藏着 1.2×10^{12}bbl 超重油。根据美国地质勘探局(USGS)的统计,现有技术下的可采储量约为 5130×10^8bbl[5]。前文提到过,委内瑞拉的重油属于超重油(非常规重油),其 API 重度为 8~12°API,黏度为 1000~5000cP。虽然 API 重度范围相同,但是黏度要比艾伯塔油藏的沥青低很多。然而,由于委内瑞拉的油藏深度比艾伯塔油藏深很多,因此在委内瑞拉无法实现露天开采。油藏温度高达55~60℃(130~140℉),足以保持重油的流动。该地区的平均油饱和度约为70%,孔隙度为30%~35%,渗透率为2~3D。

三、阿拉斯加

虽然加利福尼亚也有一些非常规油藏,但美国的大部分非常规油藏在阿拉斯加。阿拉斯加的最大油藏是North Slope(ANS),该油藏的深度很大,最深处达3000ft以上,这为开采增加了非常大的挑战性。根据2005年DOE的一份报告,仅ANS一处油藏就有$(200~250)\times 10^8$bbl的重油,但它是北美开发最不充分的油藏[6]。

如图1-6所示,ANS油藏主要由3个子油藏组成,它们是West Sak、Ugnu和Milne Point。虽然ANS油藏是阿拉斯加储量最大的油藏,但是重油生产在很大程度上受到了恶劣自然条件和技术挑战的限制。目前,各能源公司的活动都集中在附近的普拉德霍湾油藏,那里的原油黏度低些,便于通过Trans-Alaska管道系统输送到美国南部。

West Sak重油的特性类似于常规重油,黏度低于3000cP,API重度为12~22°API。然而,由于其位置较深,刚好在永冻层之下,使用常规开采技术无法开采。

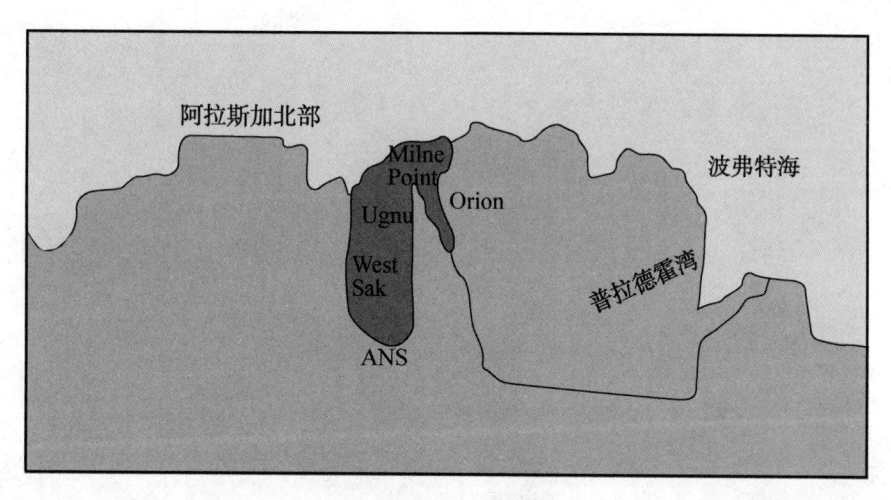

图1-6 阿拉斯加北部的重油油藏分布图(未按比例尺绘制)

相比之下,Ugnu油藏的重油类似于非常规(超)重油,API重度为6~16°API,而黏度则更高,而且随深度和温度变化,从东向西从2500cP增加到500000cP以上。因此,开采ANS油藏的重油需要根据该地区的特性采用几种不同的方法。新技术在该地区的应用仍然处于先导试验阶段,而阿拉斯加未来的重油生产很可能就取决于这些新兴技术的成功。

参 考 文 献

[1] Strausz, O. P., and E. M. Lown. The Chemistry of Alberta Oil Sands, Bitumen and Heavy Oils. Calgary, AB: Alberta Energy Research Institute publication, 2003.

[2] Strausz, O. P., and E. M. Lown. Oil Sands and Oil Shale Chemistry. New York: Verlag Chemie International Inc., 1978: pp. 11 – 32.

[3] Moritis, G. Continued Alberta Oil Sands production growth seen. Oil & Gas Journal. July 12, 2010: p. 42.

[4] General Interest. Canadian oilsands to lead US imports. Oil & Gas Journal. June 14, 2010: pp. 18 – 21.

[5] United States Geological Survey Fact Sheet. An estimate of recoverable heavy oil resources of the Orinoco Oil Belt, Venezuela, October 2009.

[6] U. S. Department of Energy report on Fossil Energy Techline, issued May 12, 2005. Heavy oil potential key to Alaskan North Slope Oil future. http://www.fossil.energy.gov/news/techlines/2005/tl_alaska_oil.html.

第二章 沥青的化学组分与性质

第一节 油砂与沥青的组分

油砂的组分中包含沥青，也就是说，沥青是从油砂中提取的有机成分。如图 2-1 所示，油砂基本上是一种由石英(黏土)颗粒、水和沥青组成的混合物。

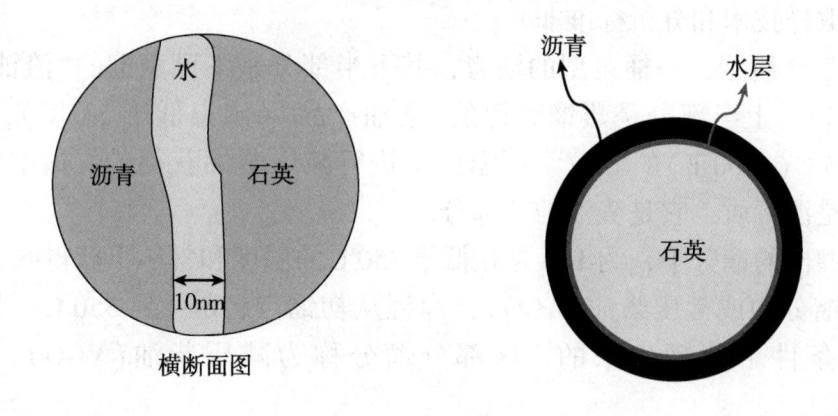

图 2-1 油砂的组分

在石英和沥青之间有一个很薄的水层，厚度为 10μm。由于这个水层的存在，油砂便有了"亲水性"，因此在使用热水抽提技术分离沥青和石英时这个水层起到了重要作用。相比之下，页岩油中的黏土和油之间没有水层，页岩油因而具有亲油性，无法使用热水抽提技术分离。正是由于油砂和页岩油之间的这个关键差别，才有了两种不同的原油开采技术。因此，先确定油藏的亲水(油)性，再确定采用的开采技术。

艾伯塔不同类型油砂矿藏中的沥青含量各不相同，质量分数在 0~15% 之间变化，具体含量取决于所处的位置。根据沥青的含量，通常可将油砂分为低品位油砂、中品位油砂和富油油砂 3 类。

(1) 低品位油砂：沥青含量为 6%~8%(质量分数)。
(2) 中品位油砂：沥青含量为 8%~10%(质量分数)。

（3）富油油砂：沥青含量大于 10%（质量分数）。

在艾伯塔北部开采的油砂都属于富油油砂。

油砂中沥青和水的质量分数基本上保持在 15%，剩余的 85% 是石英和黏土。随着沥青含量的增加，水含量按照相同的比例降低。

虽然加拿大的研究人员已经对沥青的方方面面研究了 40 多年，但还是有很多未知领域有待发现。本章的大部分数据来自笔者对加拿大诸多项目开展的研究，另外一些数据则来自各种书籍和报告，有兴趣的读者可以参见附录 B 的补充阅读。

为了方便读者理解，也为了简单起见，本书没有提供沥青各种组分的确切含量，它们会随着油藏位置的不同（阿萨巴斯卡、冷湖或和平河）而有所变化。这里提供的是艾伯塔沥青中各种组分的典型含量范围和性质。各种组分的确切含量还会因分析实验室的不同而有所不同，这是因为实验室分析结果对于实验室使用的取样技术和分析标准非常敏感。

如图 2-2 所示，一桶典型的沥青，其下半部分是不可蒸馏的"渣油"（沸点大于 535℃），上半部分是蒸馏获得的"柴油产品"（沸点低于 535℃），也就是说，在 535℃（1000°F）的等效常压温度下进行减压蒸馏获得的。桶中大约 1/5 的内容物是沥青质，它是渣油的一部分。

在蒸馏出的馏分中，约 1/3 是在低于 350℃的温度和常压下获得的，这部分馏分称为馏分油或常压柴油（AGO），沸程从初馏点（IBP）到 350℃；另外 2/3 是在减压条件下蒸馏出来的，这部分馏分称为减压柴油（VGO），沸程为 350~535℃。

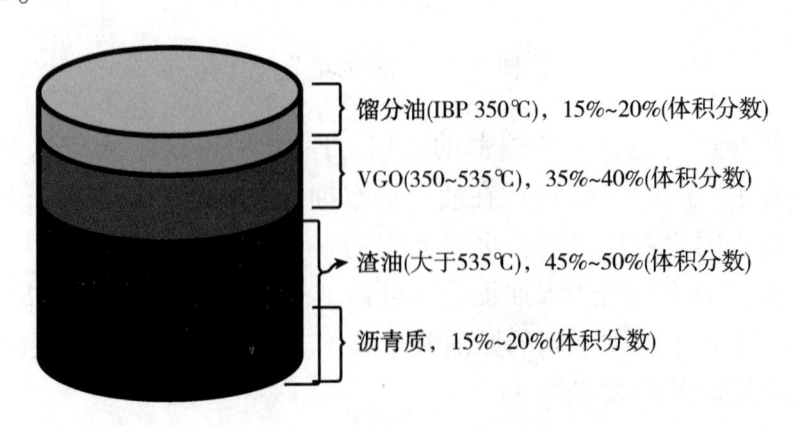

图 2-2 艾伯塔沥青的典型组分

对沥青的所有性质进行详细分析不仅复杂，而且昂贵、耗时。因此，为了简化表征过程，进行特定评价时只需专注于沥青的相关关键性质。例如，表 2-1 概括了阿萨巴斯卡沥青的典型性质。

第二章 沥青的化学组分与性质

表 2-1 阿萨巴斯卡沥青的典型性质

性 质	平 均 值
API 重度，°API	8.0
硫含量，%（质量分数）	5.0
氮含量，μg/g	4000
TAN，mg(KOH)/g	2.5
Ni(V)含量，μg/g	80(220)
CCR，%（质量分数）	13.5
100°F时的黏度，cSt①	20000
n-C_5-沥青质，%（质量分数）	15.0

① $1cSt = 10^{-6} m^2/s = 1 mm^2/s$。

该地区沥青的平均 API 重度为 8°API（API 重度范围为 6~10°API），平均硫含量为 5.0%（质量分数），氮含量为 4000μg/g。沥青属于高酸原油，平均 TAN 值（总酸值）为 2.5mg(KOH)/g。沥青中的沥青质含量和康氏残炭（CCR）值分别为 15.0%（质量分数）和 13.5%（质量分数）。

镍和钒是沥青中的两种主要元素。通常情况下，镍含量（80μg/g）不到钒含量（220μg/g）的一半。此外，由于黏度代表了沥青的流体特性，因此黏度是一种重要性质，它随温度的变化而产生很大的差异。沥青是一种高黏度流体，在室温下很难测量其黏度。阿萨巴斯卡沥青在 38℃（100°F）时的运动黏度大约为 20000cSt（定义见第三章）。

沥青是一种含有碳、氢、氮和硫（CHNS）的复杂烃类混合物。石油中的 CHNS 含量代表着一种原料的真实特性。表 2-2 给出了艾伯塔沥青的化学成分。由于重油、沥青的主要成分是碳[80%（质量分数）以上]和氢[约为 10%（质量分数）]，因此它属于烃。业内通常使用氢碳原子比（H/C）来指示一种原料的质量和价值。H/C 值越高，说明烃的质量越好。常规轻质原油的 H/C 值为 1.2~1.3，沥青质的 H/C 值为 1.2~1.3。相比之下，不同种类沥青的 H/C 值几乎是相同的，都在 1.4~1.5 之间。

表 2-2 艾伯塔沥青的化学组分和金属组分

元 素	范 围
碳含量，%（质量分数）	82.0~83.0
氢含量，%（质量分数）	10.1~10.2

续表

元　素	范　围
氮含量，μg/g	3000~5000
硫含量，%(质量分数)	4.5~6.0
氧含量，%(质量分数)	<1.0
钒含量，μg/g	180~250
镍含量，μg/g	60~90

此外，硫、氮含量也会在炼厂确定原料的加工方法时发挥重要作用。比如说，沥青中的硫含量高，质量分数为4%~6%，这就使加氢处理工艺增加了大量的费用。再比如说，沥青中的氮含量也很高，为3000~5000μg/g，这会影响到催化剂的活性和环境排放。

在沥青中发现的杂原子和金属几乎都以环状结构存在，Speight[1]和Gray[2]对此已有详细论述。虽然少数硫以正常硫化物或二硫化物的形态存在，但大多数硫以噻吩、苯并噻吩或二苯并噻吩的形态存在。氮的存在形态主要有非基本形态和基本形态两种。吡咯和吲哚属于非基本形态；吡啶和喹啉属于基本形态。

沥青中还含有不到1%(质量分数)的氧，它以环状结构、酸结构或酮结构形式存在[3]。

沥青中的各种金属含量都很高，其中镍和钒的含量最高(表2-2)。沥青的性质之所以没有得到很好的界定或表征，部分原因在于缺少分析技术或分析标准。委内瑞拉超重原油中的金属含量差不多是加拿大沥青中含量的两倍。金属含量高会严重影响加氢处理过程中的催化剂活性。

石油行业通常使用馏分(表2-3)来表征常规原油。常规原油炼制的前两个步骤就是常压蒸馏和减压蒸馏。如图2-2所示，如果炼制的是一桶沥青，那么常减压蒸馏只能馏出约50%的产品，减压蒸馏塔塔底剩余的那些不可蒸馏物质就是渣油。在使用更高的温度对渣油进行蒸馏前，即使还处在减压条件下，渣油馏分的裂化便已开始了。这就是使用蒸馏法无法馏出全部沥青的原因，也是不能使用沸点分布来表征所有沥青的原因。

表2-3　石油(原油)的各种馏分

馏　分	沸程①，℃(℉)	相对密度	API重度，°API
轻质石脑油	C_5~90(195)	0.68	76
重质石脑油	90~180(195~355)	0.76	55
喷气燃料	180~240(355~465)	0.81	43

续表

馏　　分	沸程①,℃(℉)	相对密度	API重度,°API
柴油	240~320(465~610)	0.85	35
AGO	320~350(610~660)	0.92	22
VGO	350~535(660~1000)	0.95	17
渣油	>535(>1000)	>1.00	<10

① 沸点依实验室或炼厂的不同而有差别。

根据使用的不同溶剂抽提技术，可以更容易地对沥青组分进行分类。业内使用首字母缩略语来命名，其中最流行的两种分类法为SARA(饱和烃、芳烃、胶质和沥青质)和PONA(烷烃、烯烃、环烷烃和芳烃)。

第二节　沥青质及其在沥青中的作用

沥青质是沥青中最不好定义的一类化合物，但却在沥青的表征和加工过程中起着非常重要的作用。根据定义，沥青质是不溶于正构烷烃溶剂但溶于苯或甲苯的沥青馏分。根据所用溶剂，每一种沥青质的质量和数量都不同，因此它们的命名中通常包含析出它们所使用的溶剂。例如，n-C_5-沥青质和n-C_6-沥青质分别表示这两种沥青质是用正戊烷和正己烷作溶剂析出的。商业过程一般使用低分子烃作溶剂，例如丙烷、丁烷或二者的混合物。沥青质的产量取决于使用的溶剂或溶剂混合物、它在那种溶剂中的溶解度以及沥青与溶剂比。沥青质这个术语并不特指任何分子结构或分子量，而是一组分子量随所用分析技术在500~15000之间变化，但确切分子量未知的分子。

沥青质的一个典型分子结构如图2-3所示。不过请注意，这个结构会有多种变化。

沥青质中含有一种非均质馏分，它主要由缩聚芳香环和环烷烃组成，含有沥青中的大部分杂原子(硫、氮和氧)和金属。几乎沥青质中的所有杂原子和金属都以五元环或六元环结构存在，它们一个挨一个，聚成块，发展为层。随着沥青质分子量的增加，其结构的非芳香性增强。

沥青质分子聚集在一起，形成片状层，溶解在"软沥青质"馏分中。如果沥青质的结构受到干扰或部分软沥青质被去除，那么沥青质就会聚集成团块，以固体形态沉淀下来。

艾伯塔沥青中的平均沥青质含量为15%~20%(质量分数)。本质上它属于

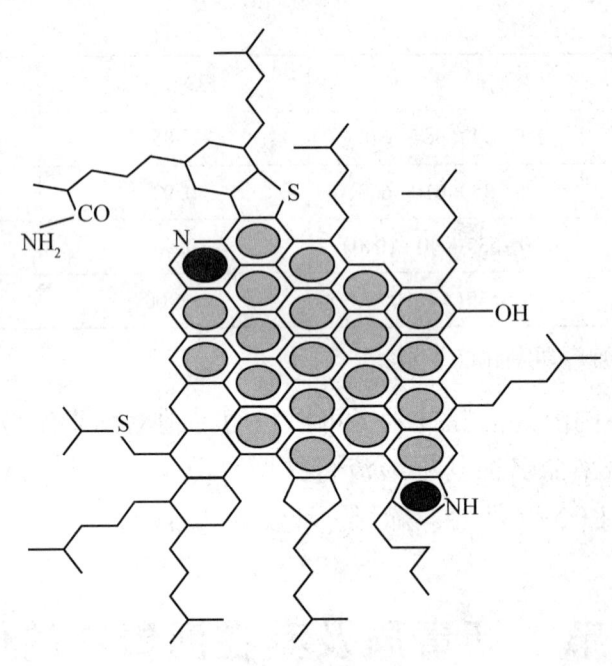

图 2-3　L. Carbognani 提出的委内瑞拉渣油中的沥青质分子结构
(资料来源：Intevep 技术报告，1992)

芳香族，平均碳含量为 80%~82%(质量分数)，氢含量为 8%~9%(质量分数)，H/C 值为 1.22~1.24。它还含有 7.0%~8.0%(质量分数)硫以及 1.1%~1.5%(质量分数)的氮。

所有沥青质都属于沥青的渣油馏分(图 2-2)，因而沥青质中的任何一种成分都不会在温度低于 535℃(1000℉)时蒸馏出来。沥青质是重油渣油中最重的成分，它对沥青的开采和运输过程，尤其是改质和炼制过程都有不利影响。加拿大沥青渣油馏分中的沥青质含量为 30%~35%(质量分数)，比委内瑞拉或墨西哥重油渣油中的沥青质含量高很多。委内瑞拉 Zuata 或 Cero Negro 渣油中的沥青质含量为 15%~18%(质量分数)，墨西哥 Maya 渣油中的沥青质含量为 20%~25%(质量分数)。

沥青质在结垢过程中有三重作用：

(1) 在有较轻烷烃馏分存在的情况下，沥青质有析出的趋势，限制了原油的流动性。于是，生产井会在沥青的开采过程中结垢，管道会在沥青的运输过程中结垢。

(2) 沥青质的结构一旦受到干扰，结垢趋势就会增强。例如，热裂解后沥青质的结垢速度要高于未经加工沥青质的结垢速度。

(3) 原料中沥青质含量的增加会导致炉壁结垢速度加快。

沥青的沥青质含量高也是高黏度和高密度的原因之一。沥青质很复杂，还没有哪个研究团体能够完成关于沥青质的全面研究，或回答关于沥青质的所有问题。关于沥青质的分子量问题，科学家们仍然争论不休，在某些情况下其分子量可以达到几百甚至几百万。关于沥青质的物理性质表现是团块、胶质还是与胶质的混合体也存在争论。对于科研人员来说，沥青质是一个有争议的领域，长久以来持续的争议仍然热度不减[4,5]。

沥青质对于大气中的氧气很敏感。科研人员已经观察到，在空气中对沥青质样品进行处理会使其快速氧化，导致其特性改变。可以从视觉上观察到，沥青质暴露在空气中以后，其颜色会迅速改变，测得的化学性质也会受到它在空气中暴露时间的影响。

沥青质混合物中不溶于甲苯或苯的成分称为预沥青质或甲苯不溶物。它通常是一种像炭一样的固体物质，但又不同于焦炭，其定义同样是沥青热裂解后残余的甲苯不溶物。预沥青质是固体，本质上是有机物，溶于二硫化碳（CS_2）或四氢呋喃（THF），而焦炭是一种固体含碳物质，不溶于 CS_2 和 THF。

第三节 沥青的 SARA 分类

沥青的组分分类通常都基于其4种主要馏分，即饱和烃、芳烃、胶质和沥青质，这4种馏分的英文首字母缩写就是 SARA。

最初使用柱色谱法对沥青组分进行分类，这种方法使用了不同的吸附材料和溶剂。图 2-4 给出了艾伯塔沥青的 SARA 分析结果，分析中使用了不同的抽提溶剂。

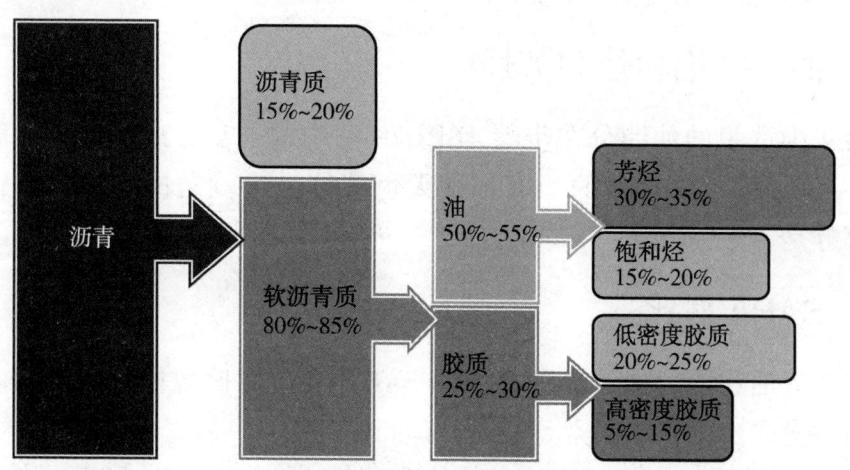

图 2-4 基于溶剂抽提和吸附色谱法的沥青 SARA 分类
（样品中的百分比是沥青的质量分数）
（资料来源：Banerjee 等《CANMET 项目报告》第 42105109 卷中的研究，1985）

应用 SARA 分析技术的前提是先用充填有活性吸附剂的吸附柱来吸附沥青或其馏分，然后使用系列选择性溶剂来洗脱。接下来对馏分进行进一步的化学分析。相关讨论详见第三章。

一、沥青质

艾伯塔沥青的沥青质含量为 15%~20%（质量分数），具体取决于油藏情况及使用的溶剂类型。使用正戊烷[15%~18%（质量分数）]作溶剂时沥青质的产量最高，而且该产量随着烃类溶剂分子量的增加而降低。如图 2-4 中步骤 1 所示，从沥青中分离出固体沥青质，溶解在正构烷烃溶剂中的部分就是软沥青质。

二、软沥青质

使用戊烷作溶剂，通过充填有黏土的色谱柱进一步分离软沥青质馏分（图 2-4 中的步骤 2）。可从软沥青质中洗脱、溶解在戊烷中的低分子量（小于800）馏分是油，而留在柱中的高分子量（大于 800）馏分是胶质。软沥青质中约 1/4 馏分是胶质，其余 3/4 馏分是油。

三、胶质

步骤 2 中留在柱内的胶质馏分在步骤 3（图 2-4）中进一步分离为低密度胶质和高密度胶质馏分。低密度胶质是一种深色的液体，产量为胶质总量的 75%~80%（质量分数）；而高密度胶质是一种深色的晶体状半固体，产量为胶质总量的 20%~25%（质量分数）。

四、油——饱和烃和芳烃

步骤 2 中洗脱的油馏分在步骤 4（图 2-4）中进一步分离为饱和烃和芳烃馏分。25%~30%（质量分数）的油馏分是无色液体，这就是饱和烃馏分，其余有颜色的部分是芳烃馏分。

五、SARA 对比

艾伯塔渣油和委内瑞拉渣油之间的 SARA 馏分对比数据见表 2-4。二者馏分之间的差异取决于多个因素。

由表 2-4 可见，艾伯塔渣油中的饱和烃馏分（低于 2%）和芳烃馏分（低于 8%）非常少，而胶质含量（大于 50%）却很高；委内瑞拉渣油中的芳烃馏分（差不多 50%）非常多，而胶质含量（约 25%）和沥青质含量（15%~18%）却较低。虽然这两种渣油之间的差异很大，但是上文及表2-3中提到的一些差异却要归因于两个不同实验室使用的不同蒸馏方法和不同分析标准，以及两个样品之间的沸点差异。请注意，艾伯塔减压渣油代表的是525℃以上馏分，而委内瑞拉减压渣油代表的是500℃以上馏分。两种渣油的对比清楚地表明，委内瑞拉渣油的芳烃含量更高，胶质含量和沥青质含量更低，因而质量更好。因此，与艾伯塔沥青相比，委内瑞拉超重油的开采、运输和炼制更容易。

表2-4 艾伯塔沥青渣油与委内瑞拉重油渣油之间的 SARA 组分对比

SARA	艾伯塔525℃以上减压渣油	委内瑞拉500℃以上减压渣油
饱和烃含量,%(质量分数)	1~2	5~7
芳烃含量,%(质量分数)	5~8	45~50
胶质含量,%(质量分数)	50~55	25~28
沥青质含量,%(质量分数)	30~35	15~18

　　SARA馏分平均分子量和密度的变化趋势如图2-5所示。分子量的准确数值对实验室的工作方法非常敏感，因此，不同样品的分子量可能会有很大差异。对比时使用了用凝胶渗透色谱法获得的平均分子量(GPC)。结果表明，SARA馏分的密度和分子量从小到大的排序为：饱和烃<芳烃<胶质<沥青质。

　　由图2-5可见，饱和烃的平均分子量(200)和芳烃的平均分子量(500)都小于沥青(约700)的平均分子量。此外，饱和烃的分子量比芳烃的分子量小50%以上。

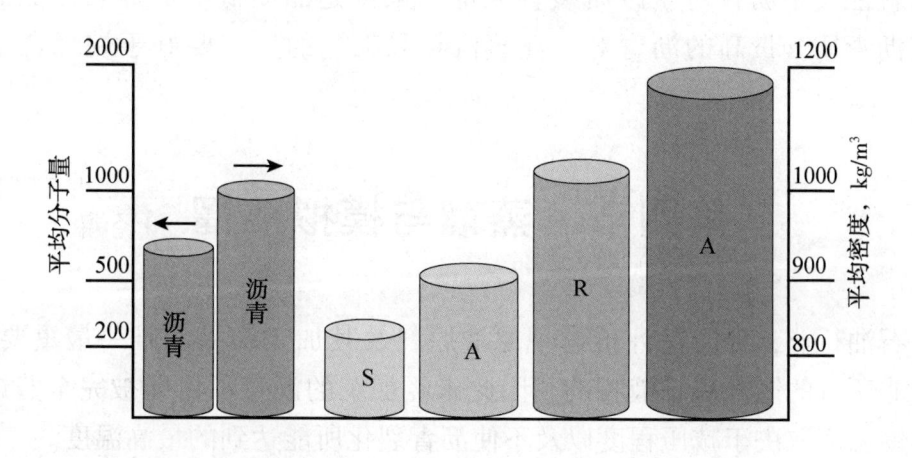

图2-5 沥青中SARA馏分的平均分子量和密度变化

　　总之，芳烃的结构比对应的氢化(饱和烃)分子结构更致密。因此，正如预期那样，饱和烃的平均密度(约800kg/m³)小于芳烃的平均密度(约900kg/m³)，而二者都小于沥青的平均密度(大于 1000kg/m³)。

沥青质由芳烃结构的多个密集层构成。正是由于这一性质,沥青质的预计平均分子量和密度都是所有馏分中最高的。显然,沥青质是沥青中最重(平均分子量大于2000)且最致密(密度大于1200kg/m³)的馏分,是导致沥青质量和密度增加的主要原因。沥青质和胶质的分子量和密度都高于沥青的平均值。

六、PONA 表征

由于 SARA 分析通常是针对渣油馏分或沥青的,并不针对馏分油,因此通常使用高效液相色谱法等色谱技术对沥青的馏分油进行 PONA 分析。对渣油馏分进行 PONA 分析会获得错误的结果,因此该分析法不适用于渣油馏分。对馏分油(350~535℃)进行 PONA 分析时,典型的 PONA 含量会因为样品的来源不同而有所差别:烷烃+烯烃低于10%(质量分数);环烷烃20%~30%(质量分数);芳烃60%~70%(质量分数)。

使用色谱技术将沥青中的芳烃进一步分离为单环芳烃馏分、二环芳烃馏分和多环芳烃馏分,它们的质量分数分别是芳烃总量的20%~25%、30%~35%和50%以上。

上述结果表明,艾伯塔沥青本质上芳烃含量很高,而且大部分是缩聚芳烃结构。随着各种馏分沸程的升高,分子变得越来越重,芳烃的相对含量增加,饱和烃(如环烷烃和烷烃)的相对含量降低。

沥青具有大分子结构,高芳香度,金属和杂原子含量高,但却高度缺乏氢。这就证实了沥青对于改质装置或炼厂来说是品质低劣的原料。然而,高芳香度沥青质含量高的沥青对于注蒸汽热采工艺的反应要好于烷烃含量高的原油。

第四节 蒸馏与模拟蒸馏

在石油行业,分馏是评价常规原油原料及其加工产品的唯一最重要特性。由于并非所有的馏分都是液相的,因此未经加工的沥青不可能被完全蒸馏。沥青的蒸馏温度取决于减压程度以及不使沥青裂化所能达到的最高温度。

在不同的炼厂和实验室,减压蒸馏的等效常压温度从525℃到545℃不等。为简便起见,本书中使用535℃(1000°F)作为馏分油和渣油的等效常压分馏点温度。

一、蒸馏

在常压（即 760mm Hg❶）和约 350℃（660℉）的温度下，馏分油部分先从炼厂的常压塔（或原油装置）蒸馏出来。这部分蒸馏产品就是 AGO，未蒸馏部分就是常压渣油。如图 2-2 所示，在典型的艾伯塔沥青中，AGO 的含量范围为 15%~20%（体积分数）。剩余的常压渣油在减压条件下蒸馏，沸点随着所施加负压的增加而降低。通常，在商业生产过程中，达到的最大负压是 1mm Hg 以下，在此压力下可将沸点降低到约 325℃，而渣油又不发生裂化。达到的等效常压温度为 525~545℃，具体取决于施加的负压大小。沥青通常含有 35%~40%（体积分数）的 VGO。因此，沥青中的可蒸馏总量（也就是 AGO+VGO）为 50%~55%（体积分数）。

二、模拟蒸馏

实验室中使用气相色谱（GC）利用模拟蒸馏（SimDist）分析技术来快速确定沥青样品在微观范围内的沸点分布。最新改进后的高温模拟蒸馏（HTSD）气相色谱技术可以实现高达 650~700℃（1200~1300℉）的回收温度。

GC 的基本原理是将用溶剂稀释后的已知量原油样品注入色谱柱中，然后按照已知的速度逐渐升高色谱柱温度。随着色谱柱温度的升高，原油中的一部分烃逐渐蒸发，从色谱柱洗脱后进入检测器。随后，色谱检测器记录下在对应的色谱柱温度时在某个洗脱时间蒸发的烃量。洗脱时间也称为保留时间，是根据正构烷烃的沸点标定的。正构烷烃对应沸点温度下洗脱样品的质量分数如图 2-6 所示。重油或沥青样品中含有很多芳烃，其洗脱速度不同于正构烷烃，因为其沸点不一定落在相应正构烷烃的沸程内。因此，使用 SimDist 方法来确定沥青中烃沸点的正确分布时需要进行适当的标定，对于芳烃含量高的重油或沥青样品还要使用正确的修正系数。

色谱柱达到最高允许温度后，便可以确定通过色谱柱洗脱的样品量。根据色谱柱中注入样品量进行反算，即可从理论上计算出在规定的最高温度下通过色谱柱洗脱的样品量以及保留在色谱柱中的样品量。保留在色谱柱中的样品量代表在该温度下沥青样品中的渣油馏分。

SimDist 法的主要优点之一就是可以确定出比商业生产过程可实现的蒸馏温度更高的蒸馏温度。另一个优点在于借助先进计算机软件，可以根据需要在任何温度切割 SimDist 曲线，将其分解成各种假设沸程馏分，而无须对原油进行实际蒸馏。

---

❶ 1mm Hg = 133.322Pa。

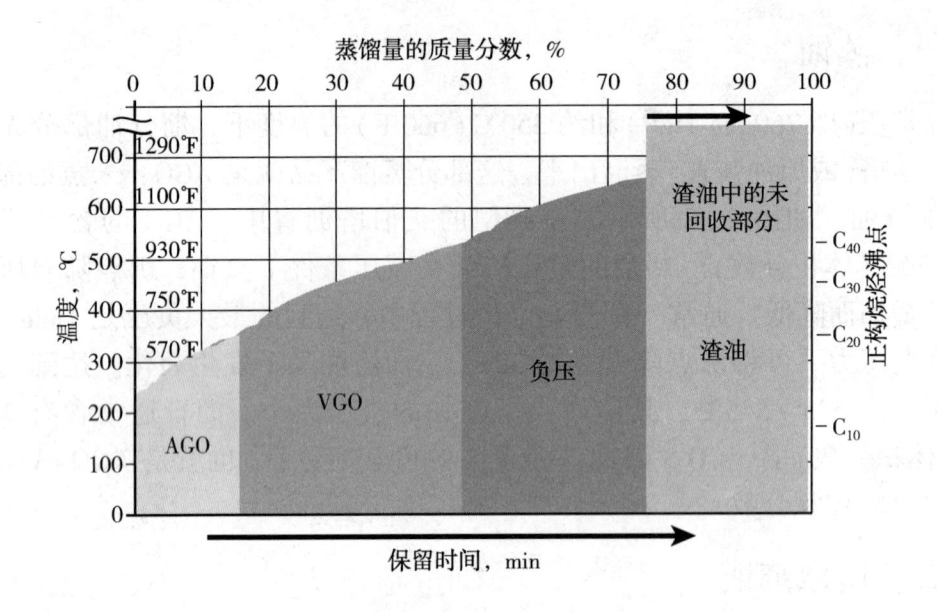

图 2-6 沥青 HTSD 的典型示例

图 2-6 为典型艾伯塔沥青的 HTSD 图。曲线表示沸点分布特征(例如,某个温度时的蒸馏量)。下文将 SimDist 曲线分成若干段/组,对该沥青原料的 SimDist 曲线进行分析:

(1) 首先考虑的是在 350℃ 以下蒸馏的部分,也就是 AGO。该沥青样品中 AGO 的产量为 15%(质量分数)。

(2) 接下来考虑的是在减压条件下,相当于常压沸点 350~535℃ 时蒸馏的部分,也就是 VGO。根据该曲线,VGO(350~535℃)的产量为 33%(质量分数)。

(3) 因此,沥青中可蒸馏馏分的总量(即 AGO+VGO)为 48%(质量分数)。

(4) 在 535℃ 以下无法蒸馏的沥青渣油馏分(535℃ 以上)为 52%(质量分数)。

(5) 如图 2-6 所示,虽然商业上不可能在 660℃ 对原油进行蒸馏,但 HTSD 却可以在 660℃ 时从沥青中回收 75%(质量分数)的烃。换言之,在 660℃ 以下的温度可以蒸馏出 75%(质量分数)的沥青。

(6) 因此,将 HTSD 在 660℃ 时无法回收的 25%(质量分数)沥青定义为渣油,其沸点高于 660℃。

因此,根据相同的 SimDist 曲线便有了两种渣油,即 535℃ 以上(1000℉ 以上)渣油[占沥青的 52%(质量分数)]和 660℃ 以上(1220℉ 以上)渣油[占沥青的 25%(质量分数)]。

从图 2-6 还可以看出,535℃ 以上渣油馏分含有相当于 C_{40} 以上烃的碳结构,减压柴油(350~535℃)馏分含有C_{20}—C_{40}范围内的烃，AGO馏分(低于350℃)含有C_{20}以下烃。

第五节 渣　　油

作为一个广泛应用的缩略语，渣油是沥青减压蒸馏后的残余物。它通常指将525~575℃(950~1300℉)作为等效常压分馏点温度时减压蒸馏的残余馏分。一桶沥青中，约有一半是535℃以上(1000℉以上)渣油(图2-2)。由于沥青中的大部分杂原子、大部分金属以及所有沥青质都浓缩在渣油馏分中，因此无论对于运输还是对于加工来说，它都是最难处理的馏分。

常压渣油这一术语指的是沥青常压蒸馏后的残余部分。由于常压渣油也指减压渣油和VGO的混合物，因此这一术语会引起混淆。例如，可以通过掺入VGO来降低渣油含量，即使在常压蒸馏过程中找不到这样的混合物，仍然将其称为常压渣油。

重要的是，渣油的同义术语还有很多。渣油也被称为蒸馏残渣、残液、减压塔底油或拔顶沥青。这么多同义术语的使用会使重油行业的新入行者晕头转向，因此应该避免如此使用。但由于重油行业的独特性，这种情况在当前还是个问题——有时相距遥远的国家同时有了相同的发现，但由于缺乏信息共享，妨碍了术语的统一。渣油应严格用来指重质原油或沥青中未经加工的渣油馏分。经热处理加工后的渣油被称为"热解沥青"，经溶剂抽提加工后的渣油被称为脱油沥青。虽然很多人都在错误地使用热解沥青和脱油沥青来指渣油，但这两个术语各有各的含义。

一、渣油与馏分油的对比

沥青样品中的渣油含量以及渣油的详细特性对于重油行业意义重大，这是因为它们是选择改质工艺和操作条件的基础，详见第七章和第八章。

如图2-7所示，艾伯塔沥青中含有45%~50%(质量分数)的535℃以下馏分油和50%~55%(质量分数)的沸点高于535℃(1000℉)的渣油。馏分油部分可以进一步分离为AGO和VGO两种馏分，前者在沥青中占10%~15%(质量分数)，后者占30%~35%(质量分数)。

二、脱油沥青与脱沥青油的对比

渣油馏分的质量在沥青的加工过程中起着重要作用。蒸馏后渣油组分的进一步分类如图2-7所示。

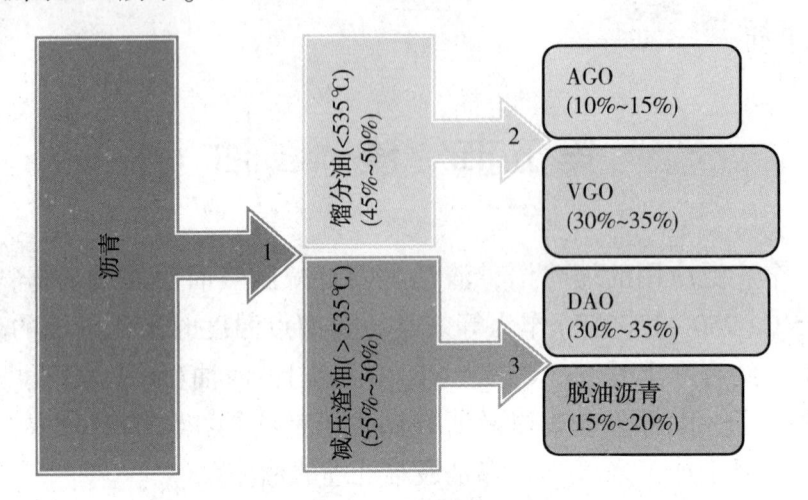

图2-7 在蒸馏和溶剂抽提基础上对艾伯塔沥青的组分分类
（基于沥青样品的质量分数）

先使用正构烷烃作溶剂去除渣油中的脱油沥青，这样做的目的是为进一步处理做准备。脱油沥青和脱沥青油（DAO）的产量和性质都取决于所用溶剂和工艺条件。渣油中含有45%~50%（质量分数）的脱油沥青，剩余的50%~55%（质量分数）是DAO。这些数据对于评估渣油改质工艺非常有价值。

脱油沥青可以用于道路施工行业，也可以用作燃料，但会产生严重的排放问题。然而，脱油沥青还不失为良好的气化或焦化原料来源。DAO可以成为催化裂化装置或加氢裂化装置的原料，也是VGO的良好混合原料。

沥青和渣油的性质用硫、氮、金属、CCR和沥青质的含量来表征。其中任何一种物质的含量越高，沥青的质量就越低。杂原子、金属和CCR在沥青渣油和馏分油中的分布如图2-8所示。

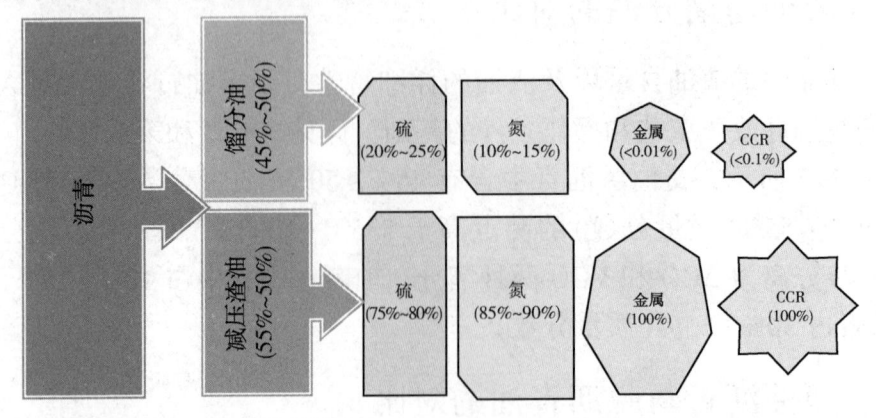

图2-8 硫、氮、金属和CCR在渣油和馏分油中的相对含量
（基于每种组分在沥青中各自所占的质量分数）

结果表明,沥青中75%~80%(质量分数)的硫和85%~90%(质量分数)的氮实际上都存在于渣油馏分中;100%的金属和CCR都来源于渣油。因此,如果去除沥青中的渣油,便可以去除沥青加工过程中75%以上的有害影响(详见第七章关于沥青改质的讨论)。然而,如果一点儿也不使用渣油,就会失掉50%商业上可用的原油。

杂原子、金属和CCR在脱油沥青和DAO中的分布如图2-9所示。杂原子、金属和CCR在脱油沥青馏分中的含量高于在DAO中的含量。渣油中所含的硫和氮只有50%多一点出现在脱油沥青中,但却有90%的金属和大约70%的CCR出现在脱油沥青中。因此,如果炼厂在加工渣油之前(尤其在催化过程中)先去除脱油沥青,那么导致催化剂失活的原因将会大幅度降低,这是因为CCR和金属是干扰该过程的主要因素。

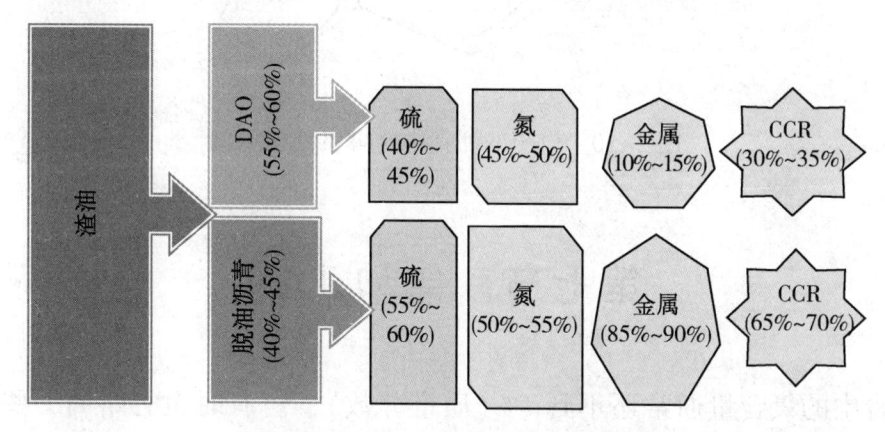

图2-9 硫、氮、金属和CCR在脱油沥青和脱沥青油中的相对含量
(基于每种组分在渣油中各自所占的质量分数)

第六节 金 属

在沥青中可以找到各种形态的金属,而且所有金属都存在于渣油馏分中。在沥青所含金属中,钒的含量永远是最高的,差不多是镍含量的两倍(表2-1和表2-2)。大部分镍和钒以有机金属化合物的形式存在,通过氮键与杂环结构结合在一起,这就是通常所说的"卟啉"[6]。

典型的卟啉钒结构如图2-10所示。非卟啉金属主要存在于沥青质馏分中。钒—卟啉的稳定性高于镍—卟啉的稳定性。

钙、钾、钠、铁和二氧化硅也以水溶性盐的形式存在于沥青中。与卟啉基团相比,它们更容易去除。

沥青中的所有金属都是我们不想要的组分，它们对催化过程有不利影响，会导致催化剂失活和腐蚀的发生。

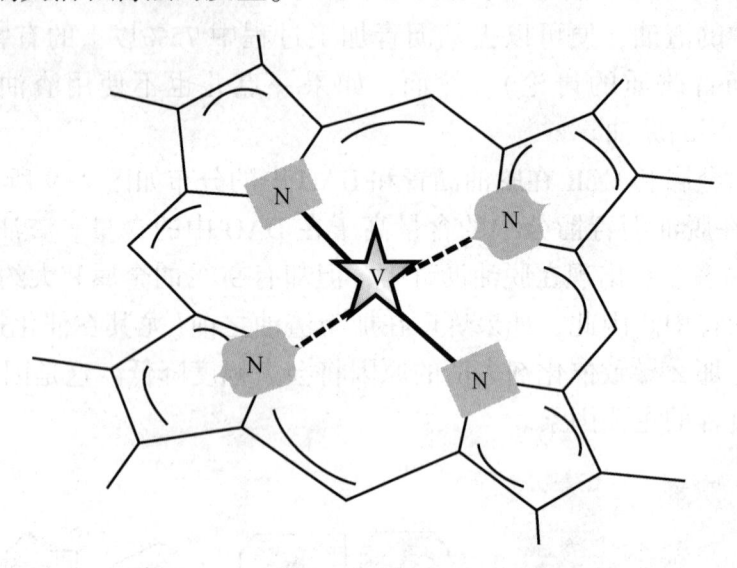

图 2-10　设想的沥青中卟啉钒结构示例

第七节　氧和 TAN

沥青中的氧含量通常还不到 1%（质量分数），但有时也会略高一些，这主要是因为沥青质在操作过程中接触到空气中的氧而发生氧化。由于原油中的大部分氧以羟基形式存在，因此原油中的氧主要影响原油的酸度。虽然原油中的酸性官能团多数时候以芳烃结构（芳香环）或脂肪烃结构（脂肪链）存在，但它们也被称为环烷酸。任何原油的酸度都用 TAN 值（总酸值）来计量。TAN 值也被称为"碱值"，这种叫法源于滴定所用碱的类型和用量。TAN 用每克样品的氢氧化钾毫克数来表示，详见第三章。TAN 值越高，样品的酸度就越高。沥青的 TAN 值通常高于 2.0，因此它属于高酸（TAN>1）原油。由于 TAN 值具有腐蚀性质，因此原油的市场价值或需求随 TAN 值的升高而降低。沥青中的其他含氧化合物都以酚类官能团的形式存在。请注意，不同于硫和氮，沥青中的大部分氧存在于 VGO 馏分中，而不是较重的渣油馏分中。

第八节　CCR

在重油和沥青热处理或催化过程中常用的一个主要性质就是残炭量或 CCR

值(康拉逊设计了 CCR 测量中使用的具体实验室分析技术,将在下文进行讨论)。由于沥青中几乎所有 CCR 都存在于重油的渣油馏分中(图 2-8 和图 2-9),因此,测量 CCR 时通常分析渣油馏分或沥青,而不会分析馏分油。

CCR 值表示原料在热处理过程中的结焦倾向。不同来源的沥青,其 CCR 含量不同,在 15%~25%(质量分数)范围内变化。可以使用 CCR 值来预测延迟焦化装置操作过程中的结焦量。根据经验,延迟焦化过程的结焦量约为 CCR 含量的 1.5 倍。然而,在商业延迟焦化装置的操作中不应使用这种方法来估算结焦量,因为还有芳香度、硫含量、金属含量等其他几个因素需要考虑,它们也会影响结焦量。CCR 值还表示原料在炉子表面的结垢倾向。

CCR 值可表示测定残炭量使用的一种具体分析技术(美国标准试验方法 ASTM D-189)。除了康氏残炭法以外,还可使用兰氏残炭法(ASTM D-524)和微残炭法(ASTM D-4530)这两种分析技术来测定残炭量。由于使用每种技术测定的值不可以互换,因此读者在使用任何残炭量数据之前都应该先弄清楚所用的分析技术。

第九节 分子量

重油或沥青的真实分子量难以测定,尤其是不可蒸馏的渣油和沥青质团块,其分子量的测定最难。测定结果与所用溶剂的类型、极性和溶解度密切相关,同时,污染物的出现也会影响测定结果。如果想要获得分子量,最好不要直接测定沥青或较重馏分的分子量,而是使用凝胶渗透色谱法(GPC)或体积排阻色谱法测定多个馏分中的分子量分布。更多细节,读者可以查阅 Altgelt 和 Boduszynski 关于重油分子量的综述[7]。

第十节 沥青表征面临的挑战

由于沥青在正常条件下是半固体,难以处理,分析所需的正常取样更是难以实现。生产过程中使用的蒸汽使沥青与水形成乳化液,这种乳化液难以破乳。因此,沥青的取样是一项巨大的挑战,而且极难获得储层岩心样品或真实样品。如果没有遵循适当的标准,那么样品处理过程中的每个步骤都会改变沥青的组成。正确地处理沥青需要很多经验。每个实验室都可能使用不同的标准,而且科学家、工程师的经验不同,对数据的解释结果也会不同。

有些工程师和科学家将低分子量常规原油广泛使用的计算机模拟技术应用于重油或沥青性质的预测。然而，由于沥青分子的复杂性，这些模型常常无法做出正确预测。例如，即使今天有了计算机模型，还是无法正确预测出沥青(尤其是一种混合物)的分子量、黏度或密度。因此，无法保证使用那些模型做出的预测与真实值相同。

原油各种性质的平均值随 API 重度变化的趋势如图 2-11 所示。随着原油 API 重度的增加(密度降低)，原油黏度呈指数降低。很重的非常规原油(API 重度小于 10°API)，黏度可达几百万毫帕秒；很轻的常规原油(API 重度大于 40°API)，黏度不到 100mPa·s。随着原油变重，杂原子和金属含量增加；随着原油变轻，它们的含量以相同的速度降低。属于低 API 重度范围(小于 10°API)的沥青，其硫[大于5%(质量分数)]、氮(大于 5000μg/g)和金属(大于1000μg/g)含量都很高。同样，沥青质和 CCR 的含量也随着原油 API 重度的降低(小于 10°API)而增加[大于 15%(质量分数)]，当 API 重度增加到 40°API 以上时，它们的含量几乎降为零。

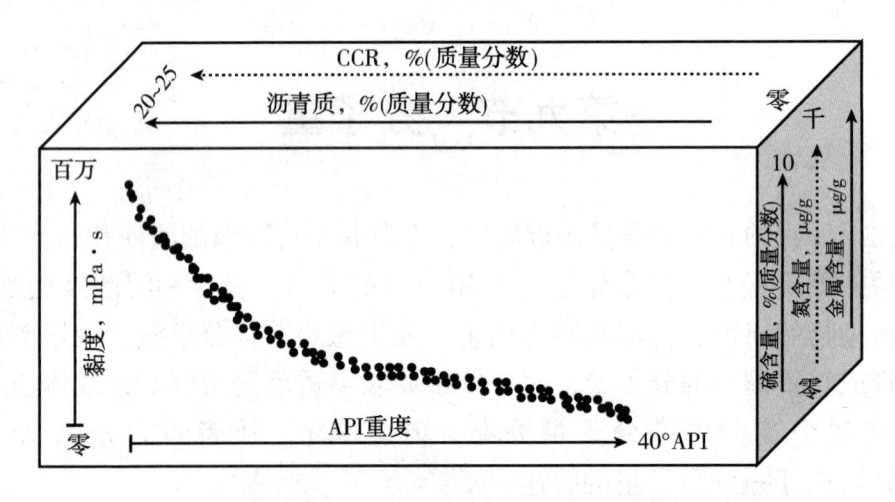

图 2-11　原油各种性质的平均值随 API 重度变化的趋势

例如，可以预测出 API 重度大于 40°API 的轻质常规原油几乎不含沥青质或 CCR，也不含金属。对于该原油，也可以期待其硫[小于1%(质量分数)]和氮(小于100μg/g)的含量非常低，虽然它们的具体含量要取决于原油的来源。然而，合成原油的性质与加工条件的变化密切相关。

参　考　文　献

[1] Speight, J. G. The Desulfurization of Heavy Oils and Residue. 2nd ed. New York：Marcel Dekker, 2000：pp. 98 – 100.
[2] Gray, M. R. Upgrading Petroleum Residues and Heavy Oils. NewYork：Marcel Dekker,

1994：pp. 16 – 22.
[3] Ibid.
[4] Mullins, O. C., E. Y. Sheu, A. Hammami, and A. G. Marshall, eds. Asphaltenes, Heavy Oils, and Petroleomics. New York: Springer Verlag, 2006.
[5] Strausz, O. P., and E. M. Lown. The Chemistry of Alberta Oil Sands, Bitumen, and Heavy Oils. Calgary, AB: Alberta Energy Research Institute publication, 2003.
[6] Speight, 2000.
[7] Altgelt, K. H., and M. M. Boduszynski. Chap. 4, Properties of heavy petroleum fractions, in Composition and Analysis of Heavy Petroleum Fractions. New York: Marcel Dekker, 1994.

第三章 分析技术

重油的引入给石油实验室带来了变化。分析化学家们所熟悉的常规原油分析方法可能并不适用于非常规原油。例如，使用与常规原油或石油炼制产品相同的分析标准无法分析出沥青最重要的特性——在常规条件下非常低的API重度(小于10°API)、高黏度(大于10000cP)以及非常高的硫含量[大于5%(质量分数)]等。

由于重油、沥青的黏度高、含水量大，因此对其进行分析就要先解决样品处理这一主要问题。水与沥青形成了难以破乳的强乳化液，分析样品所需的完全脱水难以实现，而且沥青样品的组分在此过程中也会发生变化。

同样，为使重油/沥青流动，在较高温度下进行二次取样时实验室有可能发生误操作。因此，在各阶段不同温度条件下的取样会导致相分离，从而使样品变得完全没有代表性。

因此，除了分析技术以外，数据的可靠性还取决于取样技术。分析工作的开展首先应建立在数据需求的基础上，允许对数据进行可靠的解释。最后，商业评估可能需要开展更详细的分析。这样就需要制定一种简单、准确的分析方法，使用户可以对原料或产品的质量以及工艺进行评估。这样做的目的不只是降低分析费用，还要获得可靠的分析数据。

本章主要讨论建立一个简单分析数据库所需要的重要性质以及分析方法。这样，分析化学家们在进行具体分析时便可以查阅标准试验规程，并使用正确的实验室设备。在此略去有关分析程序的具体细节。为简单起见，这里只引用了ASTM标准号(表3-1)。更详细的讨论，分析化学家们可以查阅这些标准。没有从事分析工作的化学家或工程师在要求对样品进行分析时，或在对比不同实验室的分析数据库时，也可以参照这些ASTM标准。

尤其是对于科研人员，处理并表征沥青样品的最简单方法就是做最少量的分析(表3-1)，然后对比这些数据和性质。总之，应用这些数据对各种原料或其衍生产品进行初步评价已经足够了。对于沥青改质的合成原油产品可按常规原油处理，使用行业上通用的常规原油分析方法。

为了评价或优化工艺条件，除了收集上面的数据以外，还要另外开展几项分析。其他分析过程示例请见表3-2。这里并未提到所有性质，因为本章的目的只是关注表征原料及其衍生产品所需定期开展的一些重要分析。

表 3-1 阿萨巴斯卡沥青的典型性质

性　质	单　位	ASTM 标准号	备　注
密度	kg/m³	ASTM D-5002	
60/60°F 时的相对密度		ASTM D-1298	
API 重度	°API	ASTM D-287/ASTM D-5002	根据相对密度计算出来的
黏度/运动黏度	mPa·s, cSt, cP	ASTM D-445	在 3 个温度下的最大值
模拟蒸馏/HTSD		ASTM D-2887/ASTM D-7169	也可使用高温 SimDist
渣油(>1000°F)	%(质量分数), %(体积分数)		计算出来的(回收温度可以根据需要变化)
硫	%(质量分数)	ASTM D-129/ASTM D-4294	D-129：氧弹法(老方法)。D-4294：X 射线技术(新方法)
氮/碱性氮	μg/g	ASTM D-4629/ASTM UOP 269	碱性氮含量通常不到总氮的一半
沥青质	%(质量分数)	ASTM D-4055/ASTM IP-143/ASTM D-6560	报告使用的溶剂
CCR	%(质量分数)	ASTM D-189/ASTM D-4530	报告使用的技术
总酸值(TAN)	mg(KOH)/g(样品)	ASTM D-664	
钒、镍、铁、钙、总金属	μg/g	ASTM D-3605/ASTM D-5185	无机灰分的 AA、ICAP 技术
碳、氢	%(质量分数)	ASTM D3178/ASTM D-5291	煤、焦炭的燃烧技术
详细分析的分馏、减压蒸馏	%(质量分数)	ASTM D-2892/ASTM D-1160	
水和沉淀物含量(BS&W)	%(质量分数)	ASTM D-4007	

为了做出详细分析，需要在实验室内对原料和产品进行分馏。根据馏分油的不同沸程，将馏分油分成石脑油、煤油、柴油、轻柴油以及重柴油等若干类别。分析并非针对所有馏分，而是在相关数据需求、数据重要性和可靠性以及数据解释能力的基础上有选择地开展分析。由于某些重要性质与表征原料和产品样品使用的分析技术相关，因此下面的章节对于它们的重要性进行了描述。

表 3-2 建议的第二组原料及改质产品性质分析

性 质	备 注
常压蒸馏	收集常压柴油做进一步分析
减压蒸馏	收集减压柴油和渣油做进一步分析
硫的详细种类	用气相色谱法测定硫在各种馏分中的分布
碱性氮	氮的分布形式
甲苯不溶物	原油中的固体量
PONA	ASTM D-3239/ASTM D-2549/ASTM D-2786；只能对馏分油进行分析
SARA	ASTM D-2007；用柱色谱法对渣油馏分或沥青进行分析
灰分含量	ASTM D-482
沃森特性因数、UOP 特性因数，kW	这是表征芳香基原油、石蜡基原油使用的计算值
苯胺点	ASTM D-611
倾点	ASTM D-6749
溴值	ASTM D-1159；只能对馏分油进行分析
不同温度下的黏度计算	ASTM D-341；根据黏温曲线进行计算
盐含量(NaCl)	该性质在加工重油前很重要，用 lb[①](NaCl)/1000bbl 表示，如果数值大于 10，考虑高盐度原油

① 1lb=0.4535kg。

第一节 密度和 API 重度

由于原油及其炼制产品是按体积而不是按质量销售的，因此密度对于石油行业来说是一个重要因素。石油行业测量密度的标准方法是测量 60/60°F（15.6/15.6℃）时的相对密度。由于密度或相对密度标度对于种类繁多、性质千差万别的原油来说覆盖范围太窄，美国石油协会（API）采用了一个覆盖范围更宽的标度，那就是 API 重度。其定义如下：

$$°API = \frac{141.5}{60/60°F时的相对密度} - 131.5 \qquad (3-1)$$

按照这个标度，API 重度差别很大：凝析油的 API 重度为 50~60°API、轻质原油的 API 重度为 30~50°API、中质原油的 API 重度为 20~30°API、常规重油的 API 重度为 10~20°API、非常规(超)重油、沥青的 API 重度低于 10°API、常压渣油的 API 重度低于 5°API。

API 重度是一个与相对密度相反的标度。石油烃的 API 重度值随着相对密度和芳香性的升高而降低。

实验室通常使用密度仪，按照标准方法(表 3-1)在 60°F 的温度下测量沥青的相对密度，然后根据式(3-1)计算出相应的 API 重度值。

水的 API 重度为 10°API，沥青的 API 重度低于 10°API。这意味着沥青比水重。超重油的 API 重度也低于 10°API，那么它也比水重。这就解释了为什么沥青位于油藏内地下水位以下。相比之下，常规重油的 API 重度高于 10°API，比水轻。

当温度高于 130℃(265°F)时，沥青的 API 重度略高于水[1]。这是沥青的一个重要性质，因其高温膨胀效应(也就是说，沥青的体积随着温度的升高而增大)所致。因此，沥青在这个温度下变得比水轻，浮在水面上，这有助于将热水抽提技术应用于油砂(详细讨论见第五章)。

第二节　黏　　度

在将沥青从地下油藏中开采出来以及随后通过管道向炼厂运输的过程中黏度起着重要作用，因此它是沥青的一个重要特性。黏度是重油开采过程所针对的主要流体性质。在第一章中讨论沥青的初始定义时提到过，在黏度而非 API 重度基础上对重油和沥青进行分类可能会更准确。

黏度的最常用单位是"厘泊(cP)"，运动黏度的最常用单位是"厘斯(cSt)"，它等于厘泊黏度除以相对密度。黏度的国际制单位是毫帕·秒(mPa·s)。

常规原油在常温下流动，其黏度测定因而容易些。而沥青在常温下不流动，其黏度测定就复杂多了。由于黏度与温度之间的关系密切，因而可以在能够使沥青自行流动的高温(大于 40℃)条件下测定沥青的黏度。用于常温下测定常规原油黏度的毛细管黏度计法(ASTM D-445)不能用于沥青的黏度测定，尤其不能用于其常温下黏度的测定。

为满足室温下测定沥青黏度的需要，科研人员已经研制出轴杯黏度计和椎板黏度计等适用于高黏度液体的专用黏度测定技术。有关这些黏度测定技术的细节可参见 Seyer 和 Gyte 关于黏度的综述文章[2]。在这些技术中，沥青在常温下的黏度测定不是基于常规流动效应，而是基于剪切效应。由于沥青在室温下几乎就是固体，因而该技术适用于较低温度下的黏度测定。由于系统温度会因摩擦效应而升高，因而该技术也有其自身的局限性。因此，无法精确确定黏度测定的准确试验温度。由于沥青的黏度值很高，在黏度测定中产生的误差也很高，因此在黏度测定过程中要非常小心。

图 3-1 和图 3-2 中的曲线出自 Seyer 和 Gyte 的文章[3]。出于简化的目的，只使用了他们的部分数据。

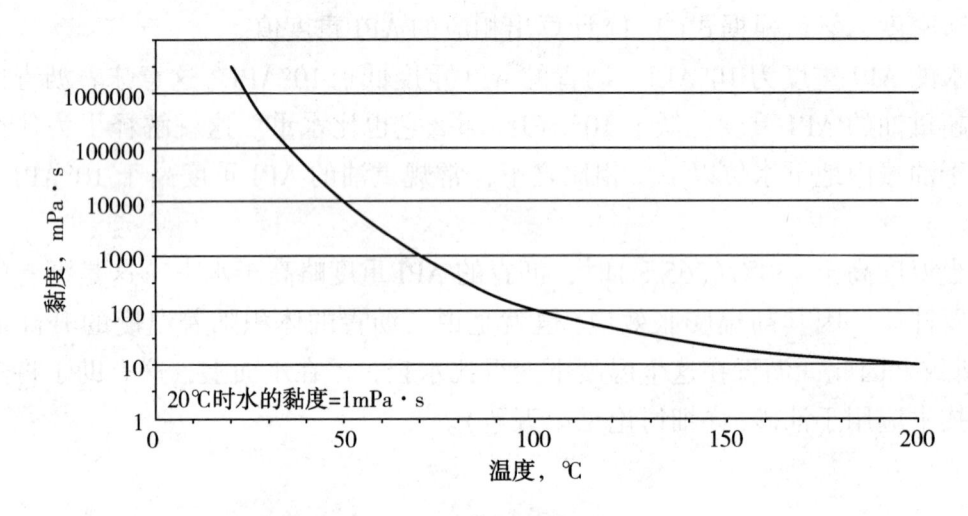

图 3-1　沥青黏度随温度而发生的典型变化

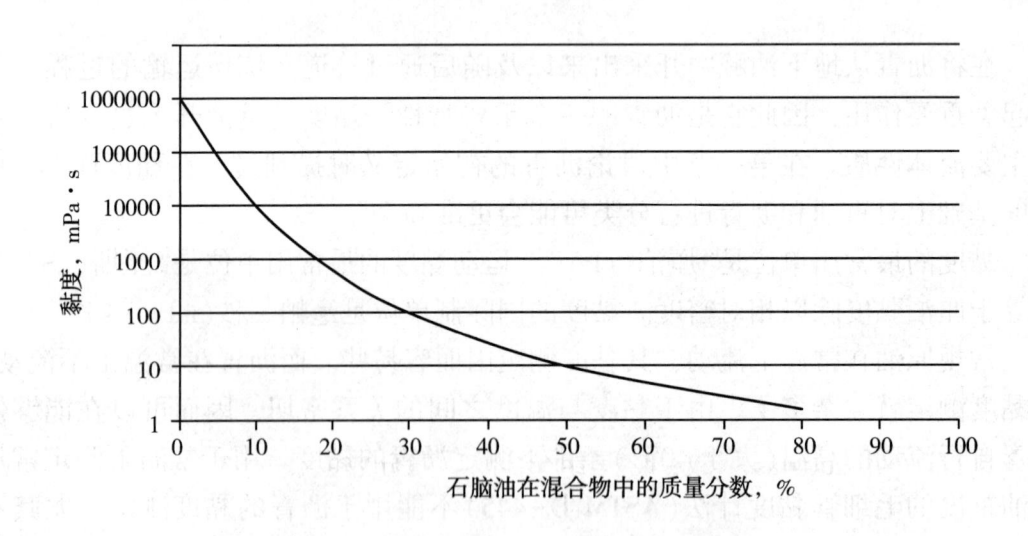

图 3-2　20℃时沥青混合物黏度随石脑油稀释剂的添加而发生的典型变化

一、黏度与温度的关系

阿萨巴斯卡沥青的黏温曲线如图 3-1 所示。黏度对温度变化非常敏感，呈指数降低，从室温下的 1000000mPa·s 降低到 100℃时的 100mPa·s 以下。

多年以来，科研人员试图预测沥青在不同温度下的黏度。Walther研发出了第一个预测黏度的基本公式，并在1937年的世界石油大会上提出：

$$\ln[\ln(\gamma+0.7)] = m\ln T + b \tag{3-2}$$

式中，γ是运动黏度，cSt；T是热力学温度，K；m和b是具体油的常数。

使用式(3-2)可以绘制出一定温度范围内运动黏度与温度关系的直线图。根据已知温度下的已知黏度确定出两个常数的大小，便可以计算出未知温度下的黏度。然而，为了更准确地预测黏度，很多科研人员对式(3-2)中的两个常数值进行了修改。

如果任何液态烃在两个温度下的运动黏度已知，那么便可以根据标准图表（见ASTM D-341）确定出它在任何其他温度下(有限范围内)的运动黏度。

二、黏度与稀释剂的关系

沥青的黏度会因稀释而发生变化。图3-2显示了沥青与一种很轻的烃(如石脑油)混合后黏度呈指数降低，类似于黏度随温度升高而降低的情况。仅添加10%(质量分数)的石脑油，沥青的黏度就从1000000mPa·s降低到10000mPa·s，再添加10%(质量分数)的石脑油，沥青的黏度便降低到1000mPa·s以下，这时便可以流动了。这就是为什么使用管道输送沥青时使用石脑油或凝析油等较轻的烃来作稀释剂的原因之一(讨论详见第六章)。

此外，还有几个公式可用于预测沥青混合物的黏度。然而，预测沥青混合物黏度的最常用方法是ASTM D-341和Refutas指数法。Refutas指数的计算公式为：

$$I = f(\gamma) = 23.097 + 33.468\lg[\lg(\gamma + 0.8)] \tag{3-3}$$

式中，I是Refutas指数；γ是运动黏度。

在该方法中，先确定出每种烃组分的黏度，然后使用式(3-4)计算出混合物的Refutas指数：

$$I_\beta = \sum_i^n I_i W_i \tag{3-4}$$

式中，I_i是Refutas指数；W_i是组分i的质量分数。

根据式(3-4)获得混合物的Refutas指数I_β后，即可使用式(3-3)计算出混合物的运动黏度γ。

在此提醒读者们要谨慎使用根据这些公式获得的数据，因为它们的有效温度和稀释剂适应范围有限。读者们还应注意，某些实验室的科研人员为了达到他们的预计效果会对常数值做出修改。由于计算模型都是基于与现实有差别的理想条件，因此在预测值和真实值之间几乎永远都存在偏差。

混合物的黏度与所用稀释剂的分子量关系密切[4]。例如，为了在相同条件下达到相同黏度,某种稀释剂的分子量越高[如甲烷(16)、乙烷(30)、甲苯(92)],所需的稀释剂用量就会越大。

三、黏度与减黏裂化产品的关系

Banerjee 等人在同轴圆筒内使用剪切技术对一种沥青原料及其中减黏裂化产品的样品黏度进行了测定[5]。将沥青样品放在两个同轴圆筒之间,以各种剪切速率来施加力矩,然后在恒温下测定应力的大小。黏度就是应力和剪切速率之比[6]。

在该项研究中,Banerjee 等人观察到减黏裂化产品的黏度对于空气接触相当敏感。将氧气排出系统以后,黏度大幅度降低,降低了约50%。没有什么特别的解释,与冷湖沥青相比,阿萨巴斯卡沥青的减黏裂化对氧气更为敏感[7]。

第三节 沥青质分析

以正构烷烃为溶剂使沥青中的沥青质馏分析出,然后再从渣油或沥青中分离出来。该过程纯粹是物理分离,并未导致沥青质结构发生任何化学变化。在实验室装置中,通过添加近乎40倍于沥青质体积的正戊烷、正己烷或正庚烷来分离沥青质。在超声波浴中,将混合物在恒温下搅拌1小时,然后过滤混合物,对固体物质进行干燥,收集到的物质就是沥青质。

作为对比,商业生产中使用丙烷、丁烷或二者混合物等低分子烃来分离沥青质。沥青质的产量不仅取决于使用的溶剂类型,还取决于原料与溶剂接触的时间。

有几种 ASTM 标准方法(如 ASTM D-2006、ASTM D-2007、ASTM D-4124 或 ASTM IP-143)可用来确定使用不同溶剂时的沥青质量。若要获取更多信息,读者们可以查阅这些方法。

第四节 SARA 分析

有几种方法可以实现沥青的 SARA(饱和烃、芳烃、胶质和沥青质)分类[8]。随着新分析技术的发展,现在 SARA 分类可以通过高效液相色谱仪来完成,而在微观范围内则更流行通过带火焰离子化检测器的薄层色谱仪(TLC-FID),使用柱状薄层色谱扫描仪来实现。相比之下，PONA 分析（见第二章）严格按照 ASTM D-3239、ASTM D-2549 或 ASTM D-2786 标准，使用色谱技术和质谱技术只对馏出的馏分进行了分析。

根据色谱柱内的综合溶解度和吸附特性对沥青 SARA 进行分析的所有步骤[9,10]如图 3-3 所示。样品是通过在旋转蒸发器内蒸发溶剂获得的。洗脱任何样品所需要的溶剂量与保留在柱内的样品量有直接关系。然而，也可以通过在获得所有所需样品后立即观察溶剂颜色变化的方法目测出所需溶剂量。请注意，使用这种方法时要将胶质进一步分离为高密度胶质和低密度胶质这两种馏分。由于溶剂有毒，需要使用通风罩，因此强烈建议只能在实验室内有适当保护的条件下实施该步骤。

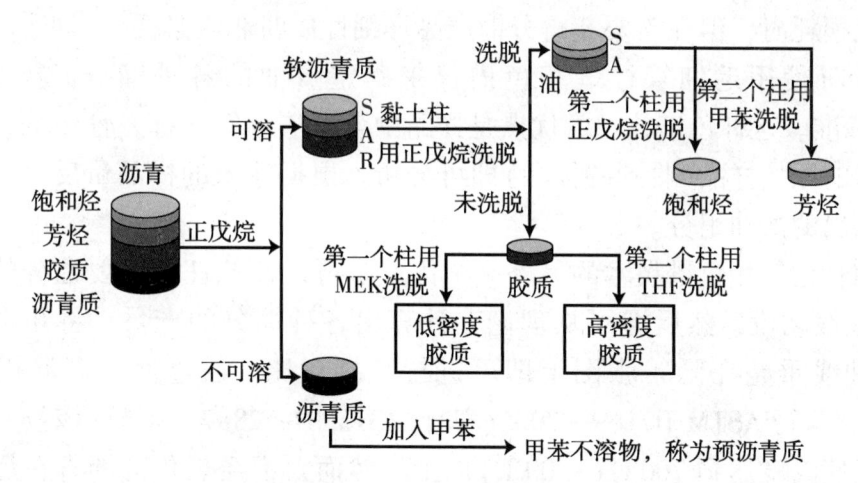

图 3-3 使用柱色谱法对沥青的定量和预备 SARA 分析

图 3-3 中的步骤 1 以 40 倍于沥青体积的正戊烷为溶剂，从沥青中抽提出沥青质和软沥青质。将混合物在正常浴中振荡 10~12 小时，或在超声波浴中振荡大约 1 小时，然后过滤，获得沥青质馏分。通过蒸发溶剂即可获得软沥青质馏分。

在步骤 2 中，使用 ASTM D-2007 推荐的技术，通过柱色谱法将软沥青质馏分进一步分离成胶质和油。先用正戊烷将油从黏土柱中洗脱出来，停留在柱内的是胶质馏分。

在步骤 3 中，首先用甲基乙基酮（MEK）洗脱该黏土柱，抽提出深色的油状液体，这就是低密度胶质。用四氢呋喃（THF）进一步洗脱，获得深色的晶体状半固体，这就是高密度胶质。

在步骤 4 中，在活性氧化硅—氧化铝柱中将在步骤 2 中获得的戊烷可溶油馏分进一步分离为饱和烃和芳烃。首先用正戊烷洗脱出一种无色液体，这就是饱和烃馏分。然后，用甲苯洗脱出柱内被吸附的芳烃馏分。

第五节　蒸馏与高温模拟蒸馏

实验室内重油的正常蒸馏是在蒸馏装置内进行的，常压蒸馏执行 ASTM D-86 标准，减压蒸馏执行 ASTM D-1160 标准。ASTM D-2892 提供了原油蒸馏的另外一种标准试验方法，那就是在有 15 块理论塔板的分馏塔内在等效常压温度为 400℃时蒸馏。ASTM D-5236 提供了重油的另外一种减压蒸馏方法。

可以在正常蒸馏结束后将试验数据转化为常压或 101kPa 下的真沸点（TBP）数据，然后即可绘制出蒸馏体积分数或质量分数与 TBP 之间的关系曲线。这种方法虽然很耗时，但在需要获得分馏产品详细性质时非常必要。

SimDist 使用毛细管柱气相色谱仪来确定重油的各种馏分，执行 ASTM D-2887 标准。这种色谱技术的优点是样品中含有渣油等非挥发性组分，只要注入稀释后的原始样品（收到的样品）即可分析。根据注入的样品量反算出沥青中无法分馏出的渣油组分。

毛细管柱气相色谱技术的另外一个优点是可以按照任何需要馏分的沸程将 SimDist 曲线切段，然后即可从理论上计算出各种馏分的产量。将几个样品的 SimDist 曲线重叠在同一张图上即可进行直接对比。通过使用高温模拟蒸馏（HTSD），执行 ASTM D7169—2005（基于 ASTM D—2887）标准，该技术的最新发展可以使温度达到 700℃（1300℉）以上。然而，不经裂化的沥青在炼厂商业生产中使用的减压塔内是不可能达到该温度的。

为了鉴定组分及对应的沸点，该技术需要选择严谨的标定方法。例如，SimDist 的标定是基于正构烷烃及其沸点的保留时间，而芳香族化合物的沸点就不在该范围内。有时，科研人员引用平均沸点而不是实际沸点。因此，大家在使用这些数据时必须非常谨慎，尤其是在比较不同实验室的数据时更要如此。

第六节　CHNS

煤炭行业通过元素分析来确定 CHNS。对于沥青来说，只可在分析碳和氢时使用类似的燃烧技术（如 ASTM D-3178），而硫和氮是使用更精确的技术单独测定的。随着样品中硫含量的变化，测定硫的标准也在变化。例如，沥青中的硫含量高于 1%（质量分数），使用 ASTM D-4294 标准。相比之下，沥青衍生产品中的硫含量不到 0.5%（质量分数），可以使用 ASTM D-1266 标准。在沥青衍生的加氢处理产品中，硫含量已经降低到 100μg/g 以下，可以使用 ASTM D-3170 标准。

可以通过燃烧来测定沥青中的总氮，执行 ASTM D-3179 标准。然而，更精确地测定要使用其他方法，比如氧化后的化学发光法（ASTM D-4629）。微量氮的分析可以使用 ASTM D-3431 标准。

第七节 金 属

金属的分析通常针对沥青或渣油馏分。首先，通过燃烧将金属以灰分形式分离出来。然后，通过感应耦合氩等离子体（ICAP）技术或原子吸收（AA）光谱法对灰分中的金属进行分析。可以使用标准方法（如 ASTM D-2788 或 ASTM D-3340）来测定重油或其加工产品中的金属。

第八节 TAN

使用简单的电位滴定法或 pH 滴定法来测定原油的酸度。这两种方法通过使用氢氧化钠（NaOH）或氢氧化钾（KOH）等碱性溶液来中和酸性官能团。TAN 值是中和 1g 油样的酸基所需要的 KOH 毫克数，因此 TAN 值的单位就是 mg(KOH)/g。TAN 值也被称为碱值。

第九节 水

由于沥青与水形成了乳化液，因此准确测定沥青样品中的水特别困难。通常使用卡尔·费休滴定法在梅特勒—托利多型 DL-32 仪器上测定水含量。

第十节 重油馏分分析所面临的挑战

化学家在分析原料以及从任何过程或试验中取得的产品样品时使用的分析技术和标准对于重油或沥青的表征非常关键。虽然高分子量馏分的表征极其困难，但是确实存在从分子层面对沥青进行表征的需要。对该领域感兴趣的化学家们必须了解，在考虑沥青的表征之前要尽可能分馏沥青。最近，人们对于将高效液相色谱法（HPLC）或更新的超临界流体色谱法与各种光谱技术结合，用于较大分子的分馏和表征更感兴趣。虽然对重油或沥青分析的详细描述不是本书的内容，但是对重油馏分的详细光谱分析感兴趣的分析化学家们可以查阅Altegelt 和 Boduszynski 所著的《重油馏分组成与分析》(*Composition and Analysis of Heavy Petroleum Fractions*)一书。该书详细介绍了高效色谱分离技术与各种光谱技术结合应用于重油馏分在分子层面的表征[11]。

参 考 文 献

[1] Speight, J. G. The Desulfurization of Heavy Oils and Residue, 2nd edition New York: Marcel Dekker, 2000: p. 55.

[2] Seyer, F. A., and C. W. Gyte. A Review of Viscosity—AOSTRA Technical Handbook Publication on Oil Sands, Bitumens and Heavy Oils. L. G. Hepler and C. His(eds.). Edmonton, AB: Alberta Oil Sands Technology and Research Authority(AOSTRA), 1989.

[3] Ibid.

[4] Ibid.

[5] Banerjee, D. K., W. C. McCaffrey, and M. R. Gray. Enhanced Stability of Products from Low Severity Upgrading of Residue. Internal report, Department of Chemical and Materials Engineering, University of Alberta, Canada, 1998.

[6] Seyer and Gyte, 1989.

[7] Banerjee, McCaffrey, and Gray, 1998.

[8] Wallace, D. A Review of Analytical Methods for Bitumens and Heavy Oils. Edmonton, AB: Alberta Oil Sands Technology and Research Authority, 1988.

[9] Banerjee, D. K. and K. J. Laidler. CANMET Project Report #42105109, Ottawa, Ontario, 1985.

[10] Banerjee, D. K., K. J. Laidler, B. N. Nandi, and D. J. Patmore. Kinetic studies of coke formation in heavy crudes, Fuel, 1986, 65: pp. 480 – 485.

[11] Altegelt, K. H., and M. M. Boduszynski. Composition and Analysis of Heavy Petroleum Fractions. New York: Marcel Dekker, 1994.

第四章　从开采到炼制

能源需求正在快速增长。毋庸置疑，重油和沥青行业在迎接该挑战过程中起着关键作用。然而，开采重油油藏不是一个短期解决方案，因为它是高度资本密集型产业，不会立即获得高回报率或高利润率，而且重油产业对重质原油和轻质原油之间价差的依赖程度很大。要提高公司的利润率，需要对从开采到炼制过程的上下游业务进行充分整合。

沥青的处理、开采、运输和炼制难度极大，而其中最难的挑战与"桶底"物（也就是渣油和沥青质）有关。重油、沥青产业的终极目的不是找到更多的油藏，而是通过优化业务过程中的每个步骤使项目的经济效益最大化。该产业的整体目标是将重质原油转化为合成原油，替代常规原油。为了迎接这些挑战，重油、沥青行业需要开发出新技术。即使到今天，美国也没有几家炼厂可以加工重油。

与常规原油的开发相比，油砂开发属于能源密集型。随着密度、芳香度或杂质含量的增加，原油的质量变差，加工难度增加，每个步骤的能耗也都随之增加。

艾伯塔油砂矿藏的主要问题在于其极北的地理位置，那里处于严寒气候条件下，远离主要基础设施。这首先就增加了将沥青从地下矿藏开采出来的基本建设成本和运营费用。然后，无论是将沥青运输到附近的一处改质装置还是运输到加拿大或美国的炼厂，运输费用也都会增加。

沥青行业所面临的另外一个问题是全世界对加拿大沥青的不良印象，那就是加拿大的沥青很脏，温室气体排放量高（见第十一章）。目前，行业内外关于该问题的争论仍在持续。

本章详述了将沥青从地下油藏开采出来的所有步骤，同时还介绍了沥青的管道运输以及改质为合成原油。最后讨论了炼厂处理非常规原油所面临的挑战。

第一节　从开采到炼制的主要步骤

油砂产业需要考虑从开采到炼制的整个价值链，而不是每个独立公司或某个大公司内部的特定团体所专门从事的单一步骤。这是因为尽管存在来自轻质

(常规)原油生产商的竞争,但沥青的价值还是取决于沥青生产商向炼厂销售其产品的价格。

沥青从开采到运输至炼厂大门的主要步骤如图 4-1 所示。该过程中的每一个步骤都需要有外部能量输入,这部分能量输入应该低于沥青可以提供的能量。随着能量输入的增加,生产和运输的运营费用也增加。同时,还需要降低每个步骤的环境影响。

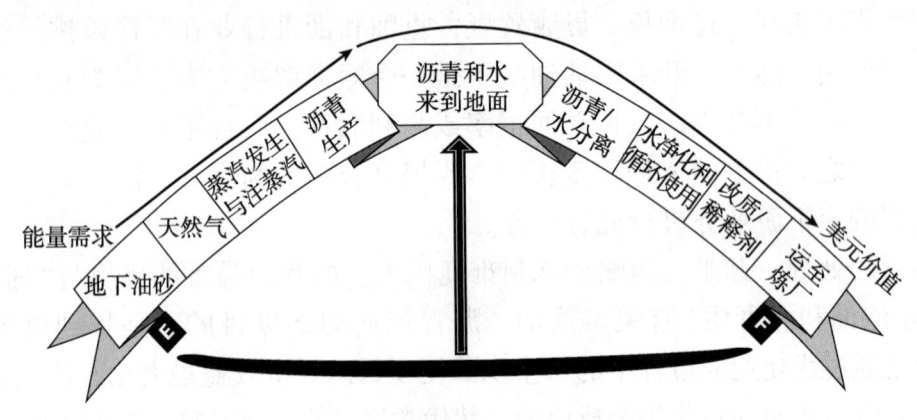

图 4-1 油砂从开采到炼制

一、开采

在艾伯塔最北部,采用露天开采法采出含沥青的油砂,然后使用热水抽提工艺将沥青与固体砂粒和黏土颗粒分离(详见第五章)。

相比之下,在艾伯塔南部,将沥青从地下油藏开采出来的第一个步骤是注蒸汽。目前,最新的层内开采技术是 SAGD,(详见第五章)。通过燃烧天然气在地面产生蒸汽。根据经验,开采一桶沥青大约需要三当量桶的冷水。

接下来,用泵将蒸汽通过注入井注入地下。蒸汽将自身的热量传递给油藏,使沥青的温度升高、黏度降低,变得可以流动。在艾伯塔的麦克默里堡附近,冷油藏的温度为 10~12°C。如图 3-1 所示,在此温度下的沥青黏度大于 1000000mPa·s。蒸汽将油藏加热到 200°C 以上,将黏度降低到接近水的水平(小于 10mPa·s),这样沥青就有了充足的流动性,可以随同热的凝析水一同流动。

然后,可以流动的沥青随同冷凝的蒸汽(采出水)一起,通过生产井被抽到地面。使用潜油泵将水、沥青混合物提升到地面。

地表油砂富含沥青,含量一般在 10%以上,而地下油砂中的沥青含量通常不到 10%。使用露天开采加热水抽提技术可以获取 90%的沥青。相比之下,使用层内技术只可以开采出 80%的沥青。这样看来,露天开采比层内开采的效率更高。

二、油水分离

沥青开采后的第一个主要步骤就是将水、沥青混合物中的组分分离开来。过剩水量以两个明显相存在，对此可以使用简单的相分离法加以分离。然而，一部分水以乳化液存在，与沥青结合得非常紧密，无法轻易分离。于是加入有破乳作用的表面活性剂，使剩余水分可以在脱水步骤中分离。下一步就是对水进行净化，而后循环用于蒸汽锅炉。水的净化难度大，费用高。

三、运输

由于沥青只在高温下才有流动性，因此沥青脱水后面临的下一个主要问题就是运输。为使其满足管道运输规格，这个问题可通过降低黏度、提高 API 重度来解决（详见第六章）。做法就是将石脑油或凝析油作为稀释剂加入，或对沥青进行就地改质。在运输之前进行沥青改质的一个原因是这样做具有经济优势。

运输过程最广泛使用的稀释剂是天然气中的凝析油，因此凝析油的供应情况和价格取决于天然气的供应情况和价格。随着沥青产量的提高，对凝析油的需求量也在提高。因此，不久的将来将会出现凝析油短缺情况，而且其价格也会上涨。目前，凝析油的成本已经比轻质低硫（常规）原油的成本高 25% 左右。由于凝析油价格随着其需求的增加而持续上涨，运输前改质再一次成为更好的经济选择。除不受凝析油供应情况和价格影响外，改质产品的质量也好于稀释原油。不过对于一家公司而言，选择哪一条路线可不是一件轻松的任务。

炼厂不喜欢凝析油，并且通常还会投入额外成本将凝析油分离出来并返还给生产商，这也进一步支持了运输前改质。此外，运输结束后也很难将凝析油分离出来。

四、改质

改质工艺的目的是将沥青转化为生产商可以在市场上销售的产品，关于改质工艺和技术的详细讨论见第七章和第八章。

正如上文提到的那样，既可以在将沥青从开采点向炼厂运输之前（在井口）改质，也可以在运输之后改质。然而，尽管存在上文提到的优点，但改质还是属于能源密集型的，且费用非常高。产品的质量与改质程度直接相关，而改质程度又与改质费用相关。因此，在决定建设一个改质装置并确定采用何种工艺时需要考虑很多因素。

例如，是否要在艾伯塔建设一个改质装置对于任何一家油公司而言都是一个艰难的战略决策。它代表着一个极其缓慢、耗资数十亿美元的项目，而且该项目还高度依赖于轻质(常规)原油和重质(非常规)原油之间的价差。人们普遍注意到原油的价格是有周期性的，这就使得改质装置在决策、设计、施工和操作这一整个周期内面临是否能保持盈利的挑战。这种价格周期的影响非常大，最近一次的例子就是2008年重油行业的萧条，当时艾伯塔受到了很大冲击，大多数改质装置建设项目被迫推迟或取消。

第二节　确定沥青价值所面临的挑战

前文已经提过，沥青的价格在很大程度上取决于原油质量与改质产品期望质量的相关费用。简单地说，随着原油质量的降低，将其改质为相同质量的产品会消耗更多的能量。能量需求与温室气体排放量直接相关。对于如何降低温室气体排放量或如何以经济手段控制温室气体排放量，目前尚无明确的解决方案。即使行业上讨论开采和改质工艺时普遍都在讨论每个步骤的成本，但是必须承认，能量消耗与每个步骤的能效以及该过程经济效益之间存在一种关系。

一、货币价值

一桶沥青的货币价值就是其衍生产品"合成原油"的可销售价值。因此，沥青的价值与世界原油价格直接相关，它需要与北美(如路易斯安那轻质低硫原油、得克萨斯西部中质原油和ANS原油)和欧洲(如布伦特原油)的常见原油相竞争。

沥青改质产业的主要关注点是各种重质原油之间的价差以及那些相竞争原油的价格。一般来说，轻质原油的价格必须要高于50美元/bbl(2010年的美元价格，未考虑二氧化碳捕集这一步骤)才可以与沥青的生产与改质成本持平。只有这样，随着常规原油价格的上涨，重油市场的利润率才会增加。

对于炼厂运营者来说，稀释或改质沥青的价格就相当于他们能从最终炼制产品上获得的利润。沥青或其衍生产品的炼制成本高于常规原油的炼制成本。

目前，改质装置的规模很大，属于资本密集型经营。为了降低经济风险和总成本，未来的改质装置应该缩小规模，在井口就地建设。目标是用最少的改质工艺使产品满足管道运输规格，也就是使改质产品可以在不添加稀释剂的情况下即可通过管道输送到附近的炼厂或再往南输送到美国。这种情况下的主要问题就是降低整体风险和总成本，更重要的是要降低环境影响(关于清洁沥青技术的讨论见第九章)。

二、净能量值

沥青的"净能量值"考虑了整个过程中每一步骤的总能量需求。用数学语言来表达就是，沥青可提供的净能量等于沥青的总能量减去将其加工成可销售产品所需要的总能量。

简言之，整个过程中的主要能量密集型步骤包括：

(1) 通过燃烧天然气来获得蒸汽，用泵将蒸汽注入井下；
(2) 用泵将沥青与水的混合物提升到地面；
(3) 水的分离、净化和循环使用；
(4) 沥青稀释剂的生产与处理；
(5) 合成原油的生成(在改质的情况下)；
(6) 温室气体排放量的控制(考虑温室气体捕集的情况下)。

由于沥青在开采后还需要加工转化为可销售的产品(即合成原油)，因此沥青的能效比常规原油低很多。然而，石油行业一般只考虑可销售合成原油的美元价值，不考虑包括净能量值和环境影响在内的综合因素。当然，美元价值对于公司盈利来说已经足够了。不过从长远来看，一个负数的净能量值是不合理的。

三、常用燃料的热值

表4-1给出了一些与油砂业务相关的常用燃料热值的对比数据。与沥青相比，天然气的热值差不多有9MJ/kg。因为天然气不含杂原子，而且氢碳原子比更高，所以天然气的燃烧比沥青更清洁。在SAGD过程中，蒸汽的发生需要燃烧天然气(因为天然气廉价)，生产1000bbl沥青大约需要$100×10^4 ft^3$的天然气。因此，需要降低沥青生产过程中的天然气用量。为了完全取消天然气的使用，第九章提出了一种新方法。

由表4-1可见，沥青质的热值(37.5MJ/kg)比沥青的热值(44.5MJ/kg)大约低15%。在去除脱油沥青的工艺中，热解沥青的热值与沥青质的热值几乎相等，可用作气化装置的燃料，或掺入煤或石油焦中燃烧。

在焦化工艺(相关讨论见第八章)中，渣油被转化为石油焦或合成原油。由于合成原油不含渣油，而且烃含量较高，因此，其热值(45.0MJ/kg)约比渣油原料(39.5MJ/kg)的热值高14%。相比之下，焦炭主要是通过去氢后对沥青质中芳香环的缩聚生产的，这样就以较低的能量值(35.0MJ/kg)生产出一种副产品。由于石油焦燃烧会产生大气排放物(即硫、氮和碳的氧化物)，因此石油焦有时不适于燃烧。

表 4-1　与油砂业务相关的某些燃料的高热值(HHV)

燃　料	热值，MJ/kg	燃　料	热值，MJ/kg
氢	141.8	沥青	44.5
甲烷	55.5	渣油	39.5
天然气	53.0	沥青质	37.5
凝析油	47.5	石油焦	35.0
合成原油	45.0		

石油焦或热解沥青的热值大约是天然气热值的 65%。在理想情况下，可以使二者气化，将产生的热量用于沥青生产。这样，气化装置就可以成为艾伯塔未来加工厂的一部分(这一点将在第九章中讨论)。尽管该气化厂的操作费用高，但是它也有诸多优点，包括：

(1) 二氧化碳捕集和封存比较容易；
(2) 改质装置还可以生产出副产品氢；
(3) 代替天然气成为热源；
(4) 重金属以炉渣的形式得到了安全处置。

第五章 沥青生产和提高采收率

第一节 露天开采

加拿大艾伯塔沥青生产首先采用的是露天开采技术，即使到今天，大约60%的沥青产量仍来自露天开采，超过了原位开采产量。但是，加拿大ERCB预测，在未来几十年内，沥青原位开采产量将会超过露天开采产量。《油气杂志》(Oil & Gas Journal)[1]详细介绍了艾伯塔的露天开采技术。

露天开采主要在艾伯塔北部地区，上覆岩层深度不到75m(图1-4)，但是大约80%的已知沥青储量位于地层75m以下，因此无法依靠露天开采。在艾伯塔主要有四家露天开采商，均位于阿萨巴斯卡地区，其中最大的两家分别是Suncor Energy和Syncrude Canada，另外两家是Shell Canada和Canadian Natural Resources。

19世纪90年代之前，露天开采还主要依靠水力挖掘机和斗轮挖掘机来完成，挖出的油砂经过传送带运送至沥青提取厂处理。随着技术的不断进步，目前露天开采作业采用大型挖掘机和运输装备来完成。

这是一次大型的作业过程，露天开采的简易流程如图5-1所示。重达400t的卡车将采出的油砂运至处理地点。通常情况下，每天超过$100×10^4$t的油砂经过运输、破碎处理，然后利用$25×10^4$t热水进行抽提，大约每4t油砂可以得到1bbl沥青。

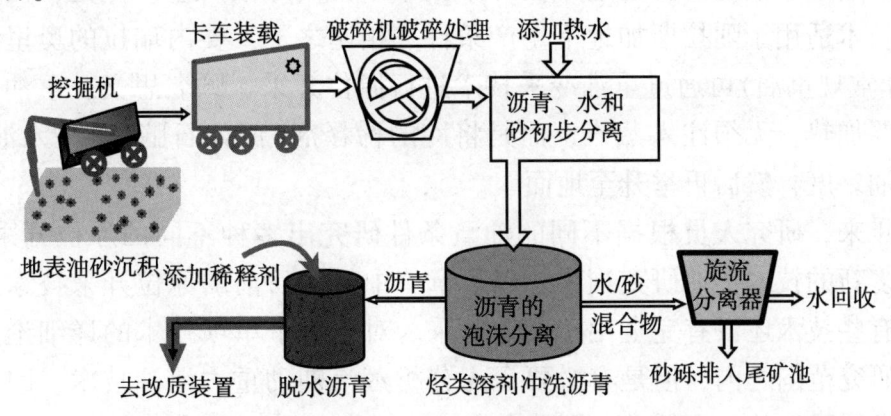

图5-1 艾伯塔北部地区油砂露天开采过程简易流程图

矿料先经过破碎机破碎处理，粒径达到几英寸，然后将这些碎料输送至一个含有热水的旋转储罐中。该过程由 Clark 和 Pasternack 首次提出，当时，他们发现在油砂中加入碱性材料和表面活性剂有助于抽提沥青[2]。后来 Bowmen 发现，表面活性剂在处理过程中生成了环烷酸[3]，加入的碱性溶液（氢氧化钠）中和了沥青上的酸性官能团，生成了表面活性剂，表面活性剂破坏沥青和水之间的界面张力，将沥青从砂子上剥离下来，从而最大限度地将沥青抽提出来。

将油砂和热水的混合物（温度为 70~80℃）转移至另外一个容器中，该容器称为一级分离器，向分离器中注入空气以生成泡沫。空气泡沫附着在沥青表面，其密度低于水，此时很容易将沥青从油砂中分离出来。在重力作用下油砂沉淀至容器底部，上述分离过程主要受固体粒径和油砂质量的影响。

分离出来的沥青经过干燥、脱气处理，然后加入有机溶剂后被送至沥青改质厂。污水和砂砾直接送入旋流分离器进行除砂处理。分离出的污水经过净化回收，砂砾排入尾矿池，大粒径砂砾自动分离，而小粒径砂砾则一直漂浮在池子上部，给环境带来一定影响。

总的来说，油砂露天开采技术是有效的，该技术可以采出超过 90% 的沥青，回收开采过程中超过 90% 的废水。然而，由于尾矿池的存在，该技术也带了巨大的环保问题，相比之下，原位开采技术则不会产生尾矿池，对环境影响较小。

第二节 原位开采技术

据目前估计，阿萨巴斯卡油砂中沥青地质储量达 1.3×10^{12} bbl，其中通过原位开采技术（注蒸汽）可以采出大约 80% 的沥青。这包括不同深度、孔隙度、渗透率和温度的油藏，并且油藏中沥青的 API 重度和黏度也都不同（图 1-4）。

阿拉斯加重油也需要通过原位开采技术来提高原油产量。但是，没有哪一个单项技术适用于阿拉斯加地下生产条件。相比之下，委内瑞拉的奥里诺科超重油（非常规重油）可通过重油冷采技术进行原位开采。顾名思义，重油冷采方法不需要加热，无须注入蒸汽，而是将冷的稀释剂（例如石脑油）注入油藏中，降低重油黏度，然后再举升至地面[4]。

多年来，研究人员根据不同的油藏条件研究出多种不同的原位开采技术，并且许多新的技术仍在研究当中。以下章节中将对目前的原位开采技术进行论述，而有些技术还没有完全用于商业开采。对于每个单项技术的详细论述不在本书的研究范围之内，但是有必要深入分析蒸汽辅助重力泄油技术，因为这是艾伯塔发展最快的一项技术，据加拿大 ERCB 称，到 2018 年，原位开采技术采出的石油产量将增加至 $129×10^4 bbl/d$[5]。

一、蒸汽辅助重力泄油

蒸汽辅助重力泄油(SAGD)技术是目前应用最多的注蒸汽热采重油技术。尽管 Butler 在20世纪70年代就已经提出该技术，但是直到20世纪90年代才受到重视[6]。

油藏实施 SAGD 技术剖面图如图5-2所示。在施工过程中，将一口 L 形井置于另一口 L 形井之上(上部为注入井，下部为生产井)。通过注入井将蒸汽注入重油油藏中，原油从注入井正下方与之平行的水平生产井中采出。注入井和生产井垂向间距通常为5m，并且位置接近油藏底部，油藏深度在300~600m之间，两口井的水平段长度在1000~1500m不等。

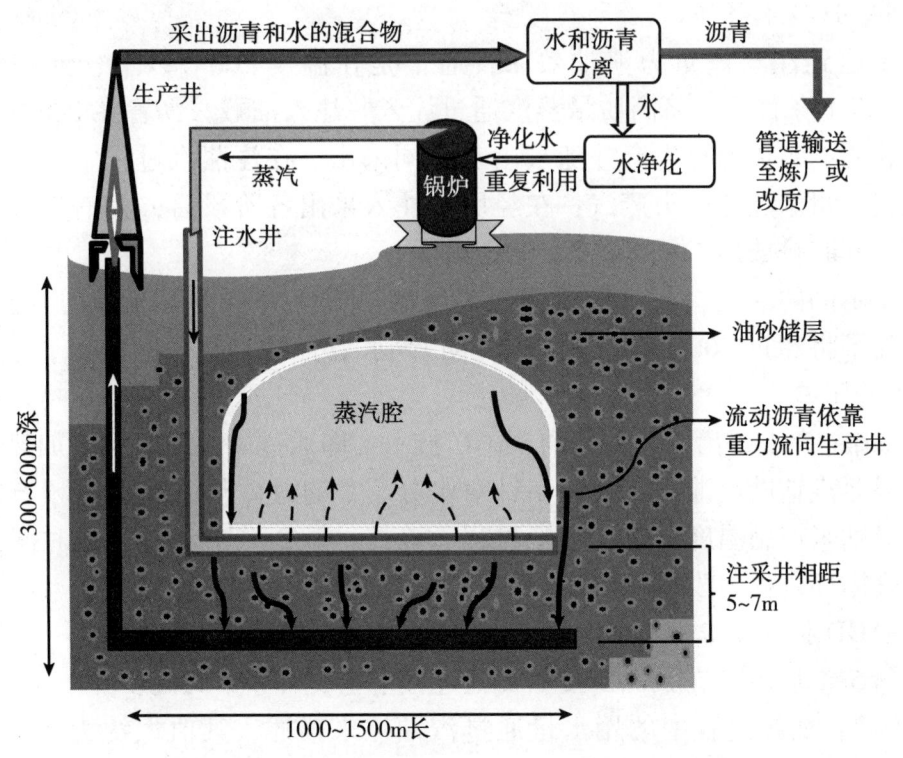

图5-2 SAGD技术油藏剖面图(未按比例尺绘制)

SAGD 技术实施过程中，在注入井的水平段周围上部形成一个蒸汽腔，随着蒸汽腔向油藏上部空间扩大，其中的重油被加热开始流动，特别是在蒸汽边缘部位，通过热传导使蒸汽冷凝，同时加热重油带。

流动的原油和冷凝水在重力作用下向蒸汽腔的底部，即生产井的位置移动，最后在生产井汇聚而开采出来，蒸汽注入速度和采油速度受蒸汽腔控制。实施过程中一定要确保生产井位于蒸汽腔底部的合适位置，以便将流动的原油采出，同时生产井最好远离油藏底水层。通常情况下，两口水平井之间建立有效的连通关系这一过程需要3个月或更长时间。

为了确保SAGD技术的成功实施，重要的一点就是要维持好注采井的生产条件，防止蒸汽在注采井之间只是简单地循环，形成"短路"，达不到预期效果。通过控制注入蒸汽，使生产井井底温度低于蒸汽温度，可以防止所谓的蒸汽"短路"。

SAGD技术的关键是在蒸汽腔的形成阶段，通常是在初始阶段，同时向注入井和生产井注入高压蒸汽。开始注入时，蒸汽会在每口井内独立循环，通过热传导将井周围的重油油层加热，蒸汽在单井内独立循环一直持续到注采井间流体建立有效连通。这种连通保持稳定之后，则注入井继续负责注入蒸汽，而生产井则改为只负责采油。

1. SAGD技术条件

为了达到注蒸汽重力泄油效果，通常是在温度200℃以上、饱和蒸汽压3000kPa以上条件下，将高质量蒸汽通过注入井注入油藏。沥青在200℃时其黏度和水相当，足以通过生产井随采出水一同采出。在注蒸汽过程中，需要利用天然气将大量水加热变为蒸汽，在经历了注入采出各阶段后，会消耗大量天然气资源，同时排放出二氧化碳。

根据不同的油藏特点，需要确保足够的油藏压力将地层流体举升至地面，例如，为了将超过300m深处的流体（沥青/水混合物）举升至地面，需要至少200psi❶的压差。

Banerjee等人提出了一种新的SAGD技术，即通过微波或射频波加热冷凝水原地生成蒸汽辅助泄油[7]。波频率针对水分子，通过调整微波或射频波发生器的能量级别来控制温度，优化施工过程。该技术旨在减少油藏预热时间，缩短初始阶段循环过程，改善汽油比。

2. SAGD技术施工步骤

如图5-2所示，在SAGD技术实施过程中主要有4个关键步骤。

步骤1：实施过程中的用水量通过汽油比来描述，其值大约为3。也就是说，消耗3bbl水可以得到1bbl沥青。在初始注蒸汽循环阶段，汽油比要高于3，但随着注入条件的优化，最终降至3左右，然而生产者们希望进一步降低汽油比，从而可以降低操作成本。

步骤2：水和沥青的混合物在到达地面后，进行油水分离、破乳及水处理（从水中去除固相物质，特别是二氧化硅，是最难的一步），然后将洁净水回收至注汽锅炉中。

---

❶ 1psi=6894.76Pa。

步骤3：目前蒸汽发生器使用燃气锅炉加热，这需要百万英热单位，即相当于每产生1000bbl沥青，需要消耗100×10^{4}ft^3 天然气。

步骤4：蒸汽腔的加热过程很长，大约需要三四个月。原始油藏温度为10~12℃，而平均饱和蒸汽温度和压力分别为235℃和3000kPa（相当于430psi）。在高温高压下生成高质量蒸汽，使得沥青发生流动并举升至地面。

3. 蒸汽的生成

随着SAGD技术在艾伯塔应用逐渐增多，考虑到经济效益和环保问题，迫切需要新技术提高蒸汽发生效率和产出水回收利用率。一般情况下，通过分离和处理产出水，将水净化，然后送至蒸汽发生器或蒸汽锅炉中生成蒸汽。有多种蒸汽发生器，但最传统的是用直流蒸汽发生器（OTSG）。

净化产出水是一项具有挑战性的工作。使用过的方法，如化学添加剂净化、薄膜分离和离子交换等，均各有其利弊。这些方法的具体分离过程不在本书讨论范围之内。

二、蒸汽、溶剂混合流程

位于埃德蒙顿的艾伯塔研究委员会正在研究多种蒸汽、溶剂混合流程。该流程是在SAGD技术基础上，再混合注入不同的溶剂。这种方法旨在提高采收率和能源应用效率，同时降低用水量。以下几种技术均对注蒸汽技术进行了改善：

（1）溶剂辅助SAGD技术（ES-SAGD）；

（2）低压溶剂SAGD技术；

（3）递减式溶剂辅助SAGD；

（4）蒸汽和蒸汽萃取过程。

上述技术尚处于研究阶段，因此，没有必要进行深入讨论。

尽管SAGD技术对于开采沥青是一种有效的方法，但是研究人员一直在试图通过加入有机溶剂来降低SAGD过程的汽油比。这样可以提高热效率和成本效益，它尤其适用于重油黏度低于100mPa·s，需要足够压力（通常高于2000kPa）举升高度超过300m的油藏条件。

有机溶剂，如乙烷、丙烷和丁烷都能够与原油部分混相，当其溶解于原油中后，原油黏度会降低。将两种或多种有机溶剂按比例混合可以使其露点值接近油藏的温度和压力。这样，混合物溶剂部分为气相，部分为液相，气相能够保持地层压力，而液相可以降低原油黏度，综合起来便会提高沥青产量。

三、蒸汽吞吐

作为第一项注蒸汽技术，蒸汽吞吐（CSS）由帝国石油公司于20世纪60年代早期提出，它是 SAGD 技术的简化版，又被称为蒸汽吞吐，该技术的注入过程如图 5-3 所示。

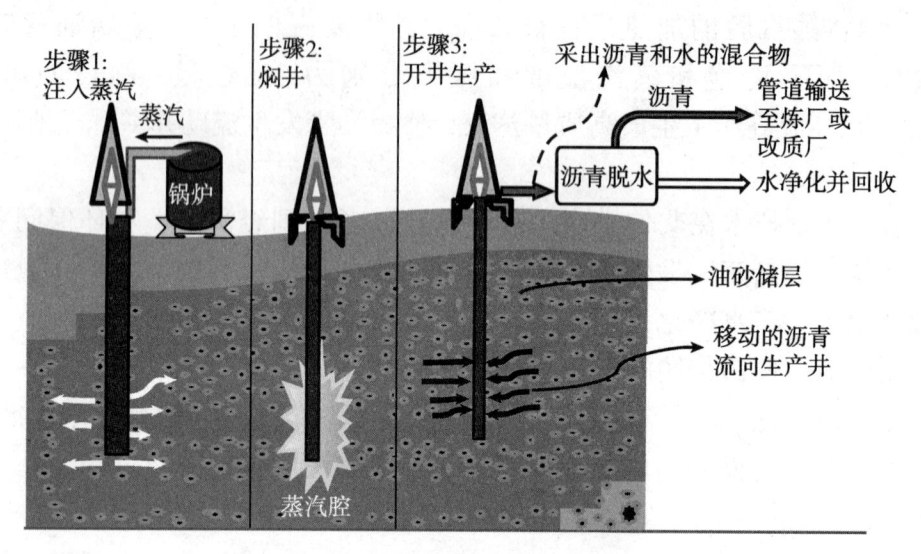

图 5-3　蒸汽吞吐过程剖面图

从图 5-3 可以看出，蒸汽吞吐只利用了一口直井，它既是注入井又是生产井，这一过程包括 3 个步骤。

步骤 1：注入蒸汽(4~6 周)。先将高压蒸汽注入油藏，并达到一定温度和压力，该过程一般需要 4~6 周时间，也被称为蒸汽吞入过程。

步骤 2：焖井(2~8 周)。停止注汽，关井焖井，直到沥青具有流动性，这一过程需要数周时间。在焖井过程中，油藏不断被加热，沥青黏度逐渐降低并开始流动。

步骤 3：开井生产(最多一年)。先前的注入井改为生产井，并开井将沥青举升至地面，这通常需要几个月到一年的时间，也被称为蒸汽吐出过程。

上述注汽过程不断重复，直到不再有经济效益为止——这是不可避免的，因为产量会逐渐递减。该技术的经济效益取决于蒸汽用量和生产蒸汽的成本。最大采收率可以达到原始沥青储量的 20%~25%。

四、重油出砂冷采技术

重油出砂冷采(CHOPS)技术是一种冷采技术，由小公司广泛用于一些小的重油开采项目。顾名思义，该技术伴随着砂子的产出，使得沥青具有流动性，其开采成本要比其他技术低，因为出砂成本相对较低。

加拿大的浅层油藏主要用 CHOPS 开采原油，其油藏温度很高，原油黏度低，油藏内没有可动水。委内瑞拉油藏也适于该技术，而阿拉斯加的重油项目意在通过该技术避免蒸汽开采。

五、蒸汽萃取

蒸汽萃取(VAPEX)技术是利用气态和液态有机溶剂萃取重油[8]。汽化有机溶剂注入油砂中,其混合物中气相充填到蒸汽腔中提高了油藏压力,液相在油气界面处溶解到沥青中,降低了沥青的黏度,然后依靠重力排驱至水平生产井中。

VAPEX技术属于非热力采油技术,因此它可以大幅度降低二氧化碳和其他温室气体的排放量。据估计,如果该技术实施成功,相对于其他热力采油技术,能够降低85%的温室气体排放量。另外,使用VAPEX技术还有其他优势,如大幅度降低耗水量,降低水处理费用和地面设备投入。相对于SAGD技术,VAPEX技术也有其经济优势,因为对于较薄的油层,无法实施常规热力采油,而VAPEX技术却能够在此类地层中提高沥青产量。通过原地沥青改质,该技术还能提高产品附加值。石油溶剂能够使沥青质沉淀滞留在油藏中(如发生部分改质时)。

与SAGD技术一样,VAPEX也利用一对水平井进行生产。然而,后者注入的是有机溶剂而非蒸汽,不需要消耗燃料(一般为天然气)来生成蒸汽,因此能有效降低温室气体排放。除此之外,使用的有机溶剂还能重复使用:汽化有机溶剂从上部的水平井注入油藏,沥青和溶剂混合物依靠重力排驱至生产井中,到达地面以后,有机溶剂会被分离出来进行回收再利用。

研究表明,VAPEX技术中使用的有机溶剂超过90%可以被采出并回收,因此可以节省大量生产成本。由于原地沥青改质,生产的沥青质量较高,而部分重质组分则留在了地下。尽管有上述优点,但该技术仍处于实验阶段。

六、火烧油层

火烧油层(ISC)技术是通过注入空气或氧气使沥青重质组分燃烧,从而在油藏内生成大量热。该技术的主要目的是避免使用蒸汽,包括地面一系列的操作步骤;将蒸汽注入油藏;采出并回收大量水。而注蒸汽过程中的热损失是另一个值得关注的问题。

在实施ISC技术过程中,空气或氧气注入油藏内之后,便通过沥青燃烧形成稳定的燃烧前缘。一般情况下,这会产生400℃的高温。随着燃烧前缘沿水平方向移动,它会将沥青热裂解为轻质组分,这些组分会向上流动远离燃烧区,剩下的重质组分或焦炭继续燃烧生成热量。热的轻质组分会熔化沥青使其产生流动性,这些流动组分在燃烧前缘向生产井流动。

七、水平段注空气

水平段注空气(THAI)技术是由Calgary的Petrobank提出的[9]。该技术将水平生产井和垂直注气井结合起来,可用于其他注蒸汽技术不能实施的油藏中。

据 Petrobank 称，THAI 技术相对注蒸汽操作成本更低。

在水平井的趾端垂直钻一口注气井，沥青达到所需的温度和流动性之后，将空气注入地层内，空气接触到热源后发生燃烧反应。垂直的燃烧前缘沿着水平井向前移动（从水平井的趾端向跟部发展），驱扫整个油藏流体，随着燃烧前缘稳步发展，温度逐渐升高，沥青受热发生部分改质，改质沥青由生产井采出。

除此之外，一种称为 Capri 的技术是在 THAI 技术的基础上发展而来的。通过在水平井中加入催化剂，帮助沥青质沉淀，提高改质沥青的质量。火烧油层尽管是一个比较老的技术，但在艾伯塔仍然没有开展商业应用。

第三节　原位开采和改质技术面临的挑战

以上技术是通过蒸汽加热沥青使其产生流动性，然后从生产井采出。CSS 技术和 SAGD 技术只在均质油藏中具备一定的经济效益。阿萨巴斯卡地区大部分为非均质油藏，只有大约 10% 属于均质油藏，因此，最多约有 50% 的沥青储量可以通过现有技术开采出来，并获得经济效益。

选择一种合适的原位开采技术是极具挑战性的。因为它受到诸多因素的影响，包括油藏特征、流体性质、岩石性质、钻井难易度、采收率和采油速度，同时也要考虑成本、基础设施的建设以及可用的资源。在阿拉斯加地区，其厚厚的永久冻土对于注蒸汽来说也是一项艰巨任务。

实施原位开采技术时，必须将压力维持在油藏破裂压力以下。通常在阿萨巴斯卡地区，油藏最大破裂压力为 4000kPa。采用 SAGD 技术时，为了保证开采压力在 4000kPa 以下，注入蒸汽温度最高为 250℃。因此，实施原位开采时，温度和压力都有一个上限。

很早便有人提出原地沥青改质（超过 30 年），很多公司和研究机构都没能实现这一想法。但是，原地改质技术仍然是大家感兴趣的话题。例如，20 世纪 80 年代早期，在加拿大和委内瑞拉都曾广泛研究过临氢减黏过程，在这一过程中可以加入/不加催化剂，艾伯塔目前仍在研究这一技术。

许多研究人员，特别是加拿大的研究人员，都在试图研发一种新技术，以便能够同时改质并生产出沥青。目前最热的一项技术就是原地催化改质技术。科研人员想利用超分散纳米催化剂和氢气将重分子裂解为较小的分子，从而实现重油改质[10]。通过该技术希望能够在沥青采出之前降低其黏度和密度，但目前还没有这方面的公开报道。一旦该技术取得成功，它将会降低重油的开采和运输成本，同时会极大地减少温室气体排放量。

当然，原地改质要比地面改质效率低，并且针对原地改质还有以下几个问题需要解决：

（1）油藏中分散催化剂和氢气的流动性无法控制。

（2）实施临氢减黏技术，油藏温度至少要达到350℃，浅层油藏达不到这一温度要求，而在深层油藏，考虑到操作条件，又会有其他问题产生。

（3）低压下（例如，低于破裂压力4000kPa），不对沥青进行氢化处理更具有经济性，这是因为氢化反应速度非常慢。但是，对于滞留时间却并没有任何限制。

（4）多年来，研究人员曾尝试利用井下燃烧室产生过热蒸汽，这需要将纯的氢气和氧气连同水一起注入油藏。但这增加了制造纯氢气和氧气的成本，以及采出水净化回收成本。还有一种方法，先在地面生成过热蒸汽，然后利用真空隔热油管将蒸汽注入油藏，这样便可以减少热损失。

总之，为了实现沥青原地改质，必须要提高采收率、减少能源需求、降低用水量并改善原油性质，以弥补原位开采技术的低效并解决相应困难。

第四节　新兴开采技术的范式转变

大部分沥青提高采收率试验通过蒸汽加热沥青，降低黏度使其具有流动性。但也尝试过一些外来技术，本节介绍了一些仍处于研究过程的沥青开采技术。

多年来，人们曾尝试用射频（RF）或微波（MW）介电加热技术提高页岩油产量。该技术利用合适的电磁波频率和频率范围对油藏烃类直接进行介电加热。但是电磁波在油藏中的穿透深度是有限的，相比于微波加热，射频加热的电磁波穿透深度更大。微波加热的另一个弊端是电磁波仅能被极性分子吸收并加热（即微波耦合加热），但纯烃类是非极性的，不能形成微波耦合加热。

相比之下，当具有偶极矩的分子，比如水分子，在受到微波的作用时，即便有非极性分子存在，也会被选择性加热（不加热其周围的烃类分子）。利用这一特性，Banerjee等人提出了一种改善SAGD技术的方法，即用微波加热冷凝水[11]。该方法利用微波将冷凝水在采出之前又加热回水蒸气状态，从而减少了采出水的回收成本。

前面已经提到，沥青中烃类分子属于非极性分子，不能与微波耦合，因此，微波不能加热或裂解纯的烃分子，为此Banerjee等人又进一步提出井口部分沥青改质技术[12]。该方法将吸收微波的耦合剂与产出烃类在井口混合，用微波加热，混合物中耦合剂会吸收微波进而产生热量，热量通过热传导传递给烃分子，烃分子加热到一定温度后发生减黏裂化。

电阻加热是一种最简单、最直接的加热方式,是将电绝缘加热元件插入油藏,通过传导和辐射使热量在油藏内消散,临近加热器的烃类受热生成挥发性液体。轻质组分会从生产井采出,而重质组分仍滞留在油藏内。这种方法消耗能量大,并且加热杆周围的焦炭会影响热传导,因此该方法不适合长期加热油藏。

欲进一步了解本章讨论的内容,读者可以查阅加拿大石油生产商协会的网站(http://www.capp.ca/canadaindustry/oilsands/)和 Suncor 网站(http://www.suncor.com/oilsands/),本章中除了引用《油气杂志》的文章外,还参考了PennWell 的《国际石油百科全书》*International Petroleum Encyclopedia*[13]。

参 考 文 献

[1] Moritis, G. Innovations push bitumen mining, economics; cut environmental effects. Oil & Gas Journal. September 6, 2010: pp. 90-97.

[2] Clark, K. A., and D. S. Pasternack. Hot water separation of bitumen from Alberta bituminous sands. Industrial & Engineering Chemistry, 1932, 24: pp. 1, 410-1, 416.

[3] Bowmen, C. W. Molecular and interfacial properties of Athabasca tar sands. Proceedings of the 7th World Petroleum Congress. 3, 1967: pp. 583-604.

[4] Robert, J. Application of advanced heavy oil production technologies in the Orinico Heavy Oil Belt, Venezuela; SPE International Thermal Operation and Heavy Oil Symposium, Porlamar, Venezuela, March 12-14, 2001.

[5] Moritis, G. Continued Alberta oil sands production growth seen. Oil & Gas Journal. July 12, 2010: pp. 42-46.

[6] Butler, R. M. Thermal Recovery of Oil and Bitumen. Prentice-Hall, Englewood Cliffs, New Jersey, 1991: pp. 285-359.

[7] Banerjee, D. K., and J. L. Stalder. Process for enhanced production of heavy oil using microwaves. US Patent 7,975,763,2011.

[8] Butler, R. M. and I. J. Mokrys. Recovery of heavy oils using vaporized hydrocarbon solvents: Further development of the VAPEX process. Journal of Canadian Petroleum Technology, 1993, Vol. 32, No. 6, pp. 56-62.

[9] Greaves, M., T. X. Xia, and C. Ayasee. Underground upgrading of heavy oil using THAI—"Toe-to-Heel Air Injection." Paper presented at the SPE Thermal Operation and Heavy Oil Symposium, Calgary, Alberta, 2005.

[10] Pereira, P. A., V. A. Ali-Marcano, F. Lopez-Linares, and A. Vasquez. Ultradispersed catalyst composition and method of preparation. U. S. Patent 7,897,537,2011.

[11] Banerjee and Stalder, 2011.

[12] Banerjee, D. K., and K. W. Smith. Wellhead hydrocarbon upgrading using microwaves. U. S. Patent application 20100078163,2010.

[13] Hilyard, J., and M. Patterson, eds. International Petroleum Encyclopedia. Tulsa, OK: PennWell, 2010.

第六章　重油与沥青的运输

在艾伯塔最北部地区，油砂开采中一个最突出的问题就是沥青储层的地理位置过于偏僻。在该地区任何材料的运输都是昂贵的，并且基础设施有限，气候条件差。随着全球范围内对沥青的需求量增加，沥青运输已成为主要问题。

艾伯塔的大部分沥青运往美国，由 TransCanada 建设的争议性管道 Keystone XL 计划从艾伯塔延伸至墨西哥湾，该项目目前在美国关注度很高（见第十一章）。同时，亚洲对油砂能源的需求旺盛，环太平洋市场正在开放，中国也迫切想参与到 Northern Gateway 项目建设中，这是一个数十亿美元的管道建设项目，从温哥华西海岸跨越大洋运输加拿大的原油。

加拿大石油工业还有其他忧虑，例如是否要在运输前对艾伯塔的沥青改质，这不仅关系到经济问题，还有政治考虑。

第一节　管道技术参数

沥青本身没有流动性，无法通过管道输送，最常用的输送方法就是在沥青中加入稀释剂来降低黏度，使其具有流动性。输送前需要先确定合适规格的管道，在加拿大，管道尺寸是由加拿大石油生产商协会和 Enbridge 共同商讨决定的，Enbridge 是将原油从加拿大运往美国的主要运输公司。

管道重要技术参数包括（详细内容请参见加拿大石油生产商协会和 Enbridge 网站）[1]密度、黏度、沉积物和水含量等。

（1）密度：API 重度最小为 19°API，或密度最大为 940kg/m^3。

（2）黏度：在管道温度条件下，最大值为 350cSt。

（3）沉积物和水含量：质量分数最高 0.5%。

（4）雷德蒸气压：最大 14.5psi。

（5）以前溴值实验规定烯烃含量最高为 10%，但最近根据烃组分分析实验，烯烃含量质量分数应低于 1%。

（6）混合物中不含氯：低于 1μg/g。

分析和评价流体组分时，要有相应的分析方法，并用 ASTM 方法做实验结果对比。

第二节 凝析油

对沥青改质，提高重度、降低黏度，以满足管道技术参数是绝对必要的。改质最常用的方法就是加入凝析油。凝析油是从天然气中凝析出来的，主要由烃类中的轻质组分构成，包括 C_5—C_{12}，API 重度超过 55°API。为了达到管道运输要求，需要使用大量的凝析油。随着加拿大沥青产量的增加，凝析油需求量快速增长，给石油工业带来了诸多严峻挑战：

（1）凝析油的成本取决于不稳定的天然气市场价格。
（2）通常，凝析油成本比常规轻质原油成本高出 25%。
（3）随着对凝析油需求量的增加，稀释剂出现短缺，这也导致凝析油成本增加。
（4）炼厂拒绝接收凝析油。
（5）回流管道需要回收凝析油。

第三节 合成原油

为了解决凝析油短缺问题和应对上述各种挑战，生产者们开始寻找一种现场沥青改质的替代方法，在这种情况下，沥青经过部分或全部改质后生成合成原油。沥青究竟以何种程度进行改质完全是个经济问题，后面将谈到各种样式的沥青改质装置（见第七章）。

现场沥青改质解决了上述与凝析油相关的一些问题，包括：

（1）合成原油的成本不受天然气的影响。
（2）合成原油的成本不如常规轻质原油高。
（3）炼厂可以接收合成原油。
（4）不需要建设回流管道。

第四节 管道选择

沥青输送管道中的各种混合物如图 6-1 所示。

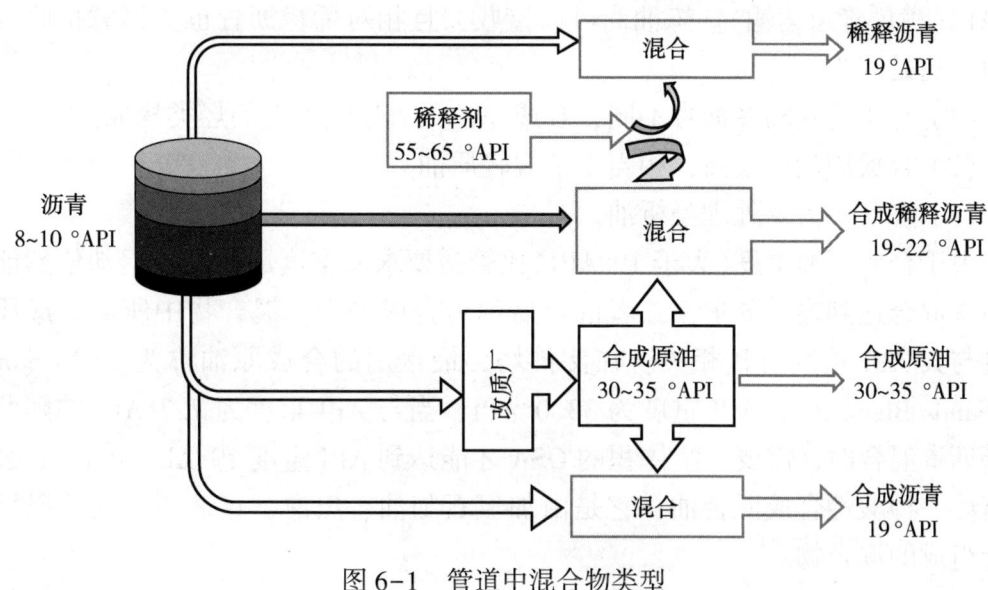

图 6-1　管道中混合物类型

一、稀释沥青

当井口处添加炼厂轻质油或改质气质油时，沥青经轻质油或凝析油稀释后，可以达到管道技术参数要求。沥青稀释后在市场上销售，称为稀释沥青。稀释剂体积一般占 25%~30%，这主要取决于稀释剂 API 重度，重度越高，稀释剂用量越少。

稀释剂主要由 C_5—C_{12} 烃类组成，而沥青中都是 C_{30} 以上的烃类。因此，在稀释沥青中不含 C_{12}—C_{30} 之间的烃类，根据一半烃类的分布情况(也就是分子结构)，稀释沥青也被称为哑铃式原油。这种分布结构使炼油商很难处理，并且，中间缺失组分对于他们来说更有价值，因为缺失的都是中间馏分。稀释沥青的典型例子有 Cold Lake 混合物和各种 Lloyd 混合物。

二、合成原油与合成沥青

对于生产商来说，另一种达到管道技术参数的方式是现场将沥青改质，生成合成原油。虽然这种方法成本较高，但它无须稀释剂，不受天然气价格的影响，如前面所说，随着油砂产量增加，将来还有可能出现稀释剂短缺情况。

合成原油的 API 重度各有不同，主要与所用的改质技术有关(见第七章)。例如，使用焦化设备，API 重度可能在 25~30°API 之间，如果使用加氢装置，API 重度可能在 35~40°API 之间。

如图 6-1 所示，当沥青通过现场改质后，作业者会选择两种处理方式，直接将合成原油卖给炼油商，或者将合成原油与沥青混合，使 API 重度达到

19°API(满足管道运输)。炼油商可以接收,且相对稀释沥青也更愿意接收合成原油,这是因为:

(1) 与哑铃式稀释沥青不同,合成原油具有连续沸点的烃类构成。
(2) 合成原油质量高,相当于常规轻质油。
(3) 炼厂不需要处理凝析油。

由于合成原油重度(大于19°API)比管道要求的重度还要高,但却依然能够与沥青混合达到输送要求,二者混合后称为合成沥青,混合物中所需合成原油的量与其API重度直接相关。在艾伯塔,最常用的合成原油称为OSA(Suncor Oil Sands Blend A),API重度为33.0°API,当与API重度为7.7°API的阿萨巴斯卡沥青混合时,需要一半体积的OSA才能达到API重度19°API。Suncor公司也出售一种酸性合成混合油,它是由加氢石脑油、焦油、直馏油和阿萨巴斯卡沥青组成的混合物。

Syncrude Canada出售的合成沥青为SSB(Syncrude Sweet Blend),是加氢焦化产品和沥青的混合物。Husky Oil出售完全改质的高质量合成原油——HSB(Husky Sweet Blend)。

三、合成稀释沥青

处理各种管道输送来的混合物,包括稀释沥青、合成沥青和合成原油,对于炼厂来说极具挑战性(将在第十章详细论述)。产品并不一样,因此炼油商在加工处理或购买前必须了解每个原油混合物的详细组成。炼厂并不能处理所有的原油混合物。

为了避免如此多的混合物种类、保持输送产品的一致性,经EnCana公司与其他公司协商,决定出售一种特殊的混合物,以保持市场上售卖的混合物组分的一致性。炼厂也不必担心每次处理的原油混合物成分都不同,这种混合物含有65%(体积分数)的沥青,剩下的35%(体积分数)由凝析油、合成原油和一些常规原油组成。混合物称为合成稀释沥青,因为它非常接近合成沥青和稀释沥青的混合物。

合成稀释沥青的化学分析如下:
(1) API重度为19~22°API。
(2) 硫含量为2.8%~3.2%(质量分数)。
(3) 总酸值为0.7~1.0mg(KOH)/g(样品)。
(4) 康氏残炭为7.0%~9.0%(质量分数)。

市场上使用最多的合成稀释沥青是WCS(Western Canadian Select),另外一个是WH(Wabasca Heavy)。

第五节　管道输送混合物的组成分析

管道输送的各种混合物的组成如图 6-2 和图 6-3 所示。合成原油中不含沥青，因此其组成分析中没有渣油。

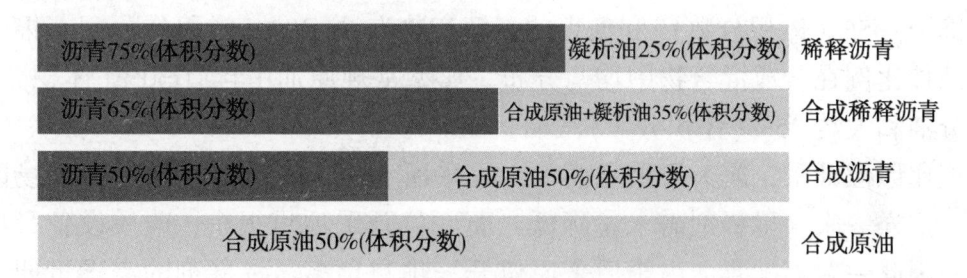

图 6-2　管道输送混合物的不同类型

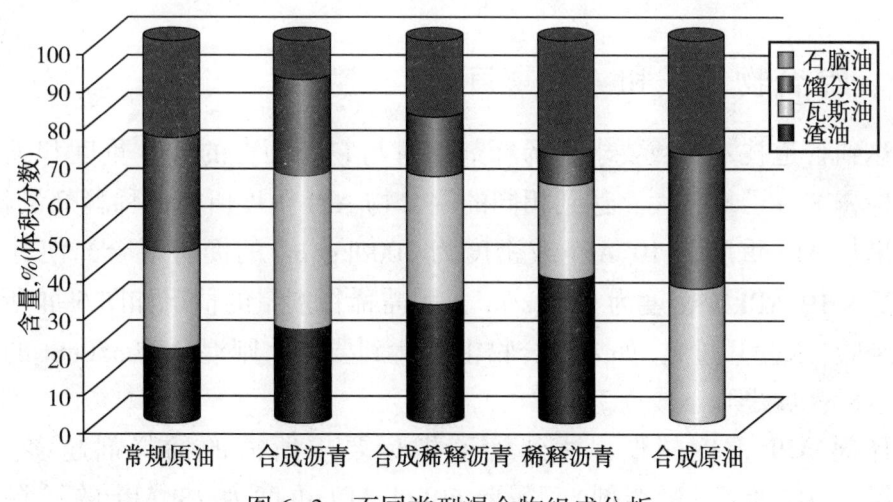

图 6-3　不同类型混合物组成分析

从图 6-2 可以看出，各混合物中沥青含量逐渐增加，从合成沥青的 50%（体积分数）增加到合成稀释沥青的 65%（体积分数），再到稀释沥青的 75%（体积分数）。因此，对于一个输送能力达 100000bbl/d 的管道来说，如果是合成沥青则可以输送 50000bbl/d，合成稀释沥青输送 65000bbl/d，稀释沥青输送 75000bbl/d。从经济角度来看，虽然输送一定量混合物的成本相同，但是从输送沥青角度考虑，对于生产公司来说，单位体积输送沥青的量不同，从而影响了经济效益，因此，输送稀释剂会有一定的补偿。

图 6-3 显示了各种合成混合物与典型常规原油的组分对比情况。混合物中沥青含量增加，渣油含量也以相同比例增加。相比其他混合物的渣油含量

[20%~30%(体积分数)]，常规原油中渣油含量最低[15%(体积分数)]。稀释沥青中石脑油含量最高[35%(体积分数)]，因为它用作稀释剂，而合成原油中也有几乎相同含量的石脑油，它由沥青裂解生成，常规原油中含有天然直馏石脑油30%(体积分数)。

稀释沥青馏分很少[5%(体积分数)]，因为它不存在于沥青或凝析油中，它还含有一定量汽油[20%(体积分数)]，汽油直接产自沥青中。合成原油含有大量馏分[35%(体积分数)]和沥青的裂解产物汽油[30%(体积分数)]，馏分油和汽油按比例在合成混合物中均衡分布。典型常规原油中含有30%(体积分数)的馏分油和大约25%(体积分数)汽油。

相比原位开采，露天开采规模大，几乎所有露天开采项目都配有现场改质装置。这样一来，稀释剂需求量降低，而原位开采项目很小，改质设备又比较昂贵，因此一般不配置。由于后来原位开采项目增多，稀释剂的需求量便会增加，为了满足这一需求，可以在现场配备小规模改质设备，或对部分沥青进行改质。

一、混合物组成和API重度

为达到管道技术参数要求，稀释剂用量与它和沥青的API重度和黏度直接相关。稀释剂分子量越大，达到相同的混合物API重度所需的稀释剂量就越高。

如果与API重度为10°API或密度为1000kg/m^{3}的沥青混合，使其混合物API重度为19°API或密度为940kg/m^3，所需稀释剂量的情况如图6-4所示。根据作者经验(未公开过)，如果混合物密度达到要求，则混合物350cSt的黏度要求也能达标，反之则不成立。

稀释剂API重度越低，达到管道指标要求所需的稀释剂越多。例如，100bbl混合物(沥青+稀释剂)，需要60bbl API重度为25°API的稀释剂，或50bbl API重度为30°API的稀释剂。如果用API重度为65°API轻质油或凝析油作稀释剂，那么只需20bbl便足以输送80bbl API重度为10°API的沥青。

但是，当用烷烃稀释剂混合原沥青时，需要注意沥青质沉淀析出，它会引起结垢，并且如果沥青经过部分或完全改质，结垢的可能性会更大。

二、奥里油

奥里油是由委内瑞拉石油研究机构开发的一种专利技术，它是通过向70%重油和30%水的混合物中添加酚醛胶质或乙醇基表面活性剂，将重油变为一种乳化液进行运输和销售。该方法也能降低重油黏度，便于运输。起初，奥里油作为一种与煤炭竞争的燃料，由于它不需要改质且成本低，在市场上具有很大优势。但是，由于目前委内瑞拉石油工业遭到破坏（由于内部问题），奥里油的现状不得而知。

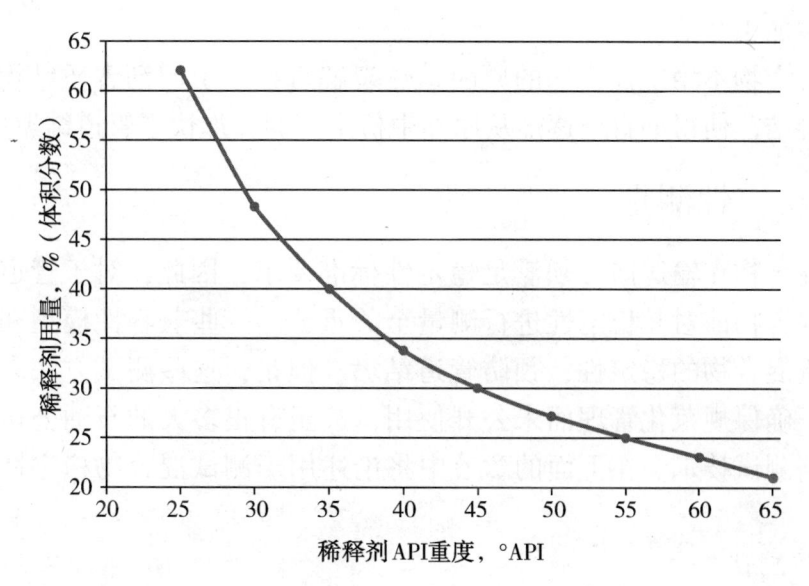

图 6-4 为使混合物 API 重度达到 19°API，稀释剂 API 重度与其用量的关系
（原沥青 API 重度为 10°API）

第六节 管道工业面临的挑战

一、稳定性问题

可以接纳各种类型的混合物将成为管道工业的里程碑。由于结垢严重程度取决于混合物的质量和组成，因此每种混合物的性质都不一样。混合物结垢趋势通过稳定性来定义，在管道运输过程中，由于固相沉积、沥青质沉淀，以及沉积物或形成的胶质导致管道内发生结垢，这种原油混合物便被认为是不稳定的，输送此类混合物需要付出经济代价。

主要稳定性问题在于混合物的不相容性。将常规原油和标准兼容原油相混合很常见，例如，美国得克萨斯西部（WTI）轻质原油或阿拉斯加北坡（ANS）原油。因为加工处理过的重油和沥青有不同的组分，这些组分可能与 WTI 轻质原油或 ANS 原油不相容。众所周知，高沥青基原油和高石蜡基原油之间不相容，当混合不同原油时，沥青质沉淀会带来灾难性的管道结垢或蒸馏装置结焦，造成经济损失。因此，一定要避免不相容原油发生混合。

此外，重度热裂解沥青产物，比如焦化汽油，含有烯烃和二烯烃，会因聚合作用或胶质引起管道结垢,并且,轻度热减黏裂化产物由于不稳定性而臭名昭著。研究表明,减黏裂化产物相对于原阿萨巴斯卡沥青,其不稳定性因沉积物形成而增加100倍[2]。

热裂解产物不稳定性增加的原因是热裂解过程中引起沥青质结构破坏,发生聚结和凝结,使得沥青质逐渐从原油中析出沉淀,加快了管道结垢速度。

二、稳定性测量

原油混合物在输送前必须满足稳定性标准要求,因此,对于管道行业和炼厂,购买混合物前对其稳定性进行测量至关重要。一些兼容性模型和室内实验可用于测量混合物的稳定性,预防管道结垢。但是,这些测试方法大多为专利技术,为了确保规范化管理而未公开使用,甚至有很多大的石油公司使用它们自己的专利测试技术。在下面的章节中将论述用于测试混合物稳定性的标准实验方法。

1. 溴值测试

根据 ASTM D-1159 标准,利用溴值测试法滴定混合物溶液测试烯烃浓度。实验时应注意,测量溴值使用的是蒸馏产物,而不是包含渣油的全原油,因为后者会得到错误结论。溴值越大,混合物中不饱和成分越多,结垢的可能性越大,溴值即为饱和100g试样所消耗的溴的克数[单位为 g(Br_2)/100g(试样)]。石脑油溴值超过 10g(Br_2)/100g(试样)即认为不稳定。

最近,烃组成分析被用作测定烯烃浓度的标准分析方法,轻馏分中烯烃浓度超过 1%(质量分数)即认为不稳定。

2. 离心方法

稳定乳状液和细小固相颗粒也会造成结垢。利用标准 ASTM D-4007 方法测量沉积物和水含量,如果超过 0.5%(质量分数)即认为不稳定。

3. 壳牌热过滤实验

通过壳牌热过滤实验测量沉积物含量。该方法为 ASTM D-4870。测试过程中,先将试样转移至一个温度为100℃的烧结过滤器中,然后液体流经 Whatman GF/A 型玻璃纤维滤膜,热过滤实验利用蒸汽夹套金属漏斗在真空条件下完成,液体过滤完以后,固相沉积物用正庚烷冲洗掉,干燥称重,如果混合物中固相沉积物的质量超过 0.1%(质量分数),即认为该体系不稳定(即不适合管道运输)。

4. P 值测试法

由壳牌公司发明的这套方法用于测试沥青质稳定性。测试过程中,用已知一定量的正构烷烃(例如正十六烷)溶剂滴定油样,在显微镜下观察沉淀析出,测试油样为1g,滴定时当沉淀刚开始析出时,此时正十六烷用量达到最大值,

利用该值计算 P 值，计算公式为：
$$P = 1 + 正十六烷毫升数/1g 油样$$

如果计算 P 值大于 1.1，即认为溶液是稳定的，换句话说，如果需要的溶剂越多，则溶液越稳定。

参 考 文 献

[1] Segato R. Enbridge Condensate Pool Specifications, Feb. 11, COQA meeting, New Orleans; Canadian Association of Petroleum Producers. 2010. Crude Oil and Oil Sands Publications, Calgary, Alberta http：//www.capp.ca/library/publications/crudeOilAndOilSands/pages/.

[2] Banerjee, D. K., W. C. McCaffrey, and M. R. Gray. Enhanced Stability of Products from Low Severity Upgrading of Residue. Internal report, Department of Chemical and Materials Engineering, University of Alberta, Edmonton, 1998.

第七章 重油与沥青改质

第一节 为什么要将沥青改质

如前所述，原沥青（未经加工）在正常条件下是不能流动的，其冷流性能差。因此，刚采出的原沥青和重油因不适合运输而无法出售。要么将其稀释后运送至市场销售，要么进行现场改质以形成合成原油再进行销售。

为了增加沥青的附加值，以便与常规原油进行竞争，有必要通过沥青改质提高其质量。随着沥青产量的增加，市场对合成原油的需求量也会增加，这就要求生产商们加大重油改质设备的投资，这种投资是否具有吸引力，主要由轻质油和重油的价格决定。稳定的价格差异化市场需要多年的规划、设计和建设才能形成，当前对于重油排放的环境要求苛刻，需要加大设备投资，由此利润率会大大降低。因此，若要实现合成原油市场占有率增加，上下游行业必须合并。

如图7-1所示，沥青改质包括一级改质和二级改质两个阶段。一级改质通常由加热改质完成，即焦化过程；或通过催化改质完成，即加氢裂化过程。在一级改质工艺中，较大的分子裂解为较小分子，成为较理想的馏分产品。改质后的原油组分，在硫、氮、氧和氢含量方面与改质前完全不同。改质后的气态组分包括轻烃或液化石油气（LPG），经分离后用作燃料。本章将详细论述一级改质工艺。

一级改质后的产品，在二级改质工艺中经过进一步加工处理生成合成原油，满足炼厂原料规格要求。去除杂原子、金属和饱和芳香族化合物最常用的方法是加氢处理，这类似于常规的精炼加氢处理过程，此处不再赘述。

合成原油的质量不仅取决于沥青的性质，而且取决于加热改质和催化改质工艺。因此，合成原油的性质与具有相同沸点的常规原油完全不同。传统炼厂因其催化剂性能有限，无法始终加工合成原油。

进入炼厂之前，合成原油的组成包括石脑油、馏分油和重瓦斯油。石脑油进入裂化炉转化为高辛烷值汽油；馏分油通过加氢装置改质，达到柴油、煤油和航空煤油的标准；瓦斯油进入流化催化裂化装置或加氢裂化装置，改质成为柴油和汽油产品。欲了解更多炼制过程，读者可参考其他相关资料[1,2]。

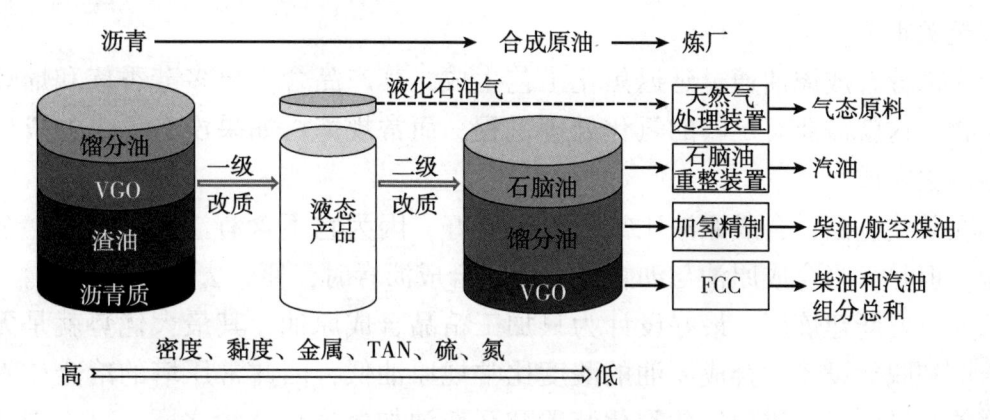

图 7-1　沥青到炼厂的典型加工路线图

第二节　合成原油与常规原油

合成原油实际上是石油工业中许多用词不当的物质中的一个错误表述，它既不是合成材料也不是原油，而是由沥青经过加热改质后形成的产品。

合成原油主要受改质工艺中的热裂解反应控制，残渣中的长链烷基团会从芳香族或环烷环上的 β 键或 γ 键处断裂，形成低分子量的烷基芳烃和环烷环。在一级改质工艺中，用加氢裂化代替焦化过程，生成的馏分油中硫和氮的含量较低，但是，仍然需要二级加氢裂化以满足炼厂对原料的要求，合成原油上的杂原子很难通过进一步加氢裂化处理掉。

合成原油的加氢处理是炼厂的主要处理过程，这一过程会同时发生好几个反应，处理起来较困难(例如，去除掉硫、氧、氮、金属、饱和芳香族化合物和烯烃的反应)。在 400℃ 以上时，焦化反应和加氢作用相互对抗，氢的可利用量和压力决定了主导反应。

合成原油中柴油的十六烷值低于常规原油，在使用前柴油需要进一步加工处理。沥青中烷烃裂解后通常形成石脑油而不是柴油。芳烃加氢处理是改善柴油质量的另外一种方法，但是，受热平衡影响难以形成环烷化合物。

合成原油比常规原油含有更多的芳香族化合物，这种特性对于汽油组分来说比较有利，因为它可以作为辛烷改进剂，但对于柴油和航空煤油不利，因为这会造成十六烷值和烟点低。

同样地，合成原油的减压瓦斯油组分富含芳香族化合物和杂原子，很难在流化催化裂化装置中发生裂解。相比常规原油中的减压瓦斯油，它能够更快让催化剂中毒。由于美国对汽油需求量旺盛，流化催化裂化装置中的瓦斯油裂解反应至关重要。

大部分合成原油通过延迟焦化工艺生成，其产品含有更多芳香族和烯烃族化合物，这就需要有足够的氢化处理过程，而常规炼厂如果没有很大的资金投入很难去完成。

在某些方面，合成原油比常规原油要好，因为它不含有渣油、沥青、金属或盐，但是，当合成原油与沥青混合形成合成沥青时，便失去了这些优势。

如果要新建炼厂，最好设计为只加工精品合成原油，其最大优势就是无须减压塔和脱盐设备。合成原油的酸度比常规原油低，因此常压塔的冶金技术比较简单，设备介于流化催化裂化装置和瓦斯油加氢裂化装置之间。一方面，流化催化裂化产物更缺氢，需要加氢改质成为可销售产品；另一方面，加氢裂化产物比流化催化裂化产物需要更多加氢处理，它可以根据市场需求控制汽油和柴油的产量比。但是，选择合适的催化剂比较困难，因为相比常规原油，合成原油中含有更高浓度的氮。

由于氧、氮和芳香族化合物含量高，合成原油加工过程中催化剂表面炭沉积现象比较普遍。因此，为了得到理想产物，有必要提高催化剂的活性。

在合成原油炼厂，即便不需要加工渣油和沥青质，对于氢的需求量也比常规原油炼厂更大。常规炼厂无法控制合成原油性质的不稳定性，这会增加设备腐蚀和结垢的风险，加大对处理过程的干扰。

另外，对于加氢工艺，二氧化碳排放主要与天然气制造氢过程及其他公共设施相关。

第三节　改　质　程　度

以下是重油改质遇到的最大问题：
(1) API 重度低(小于 10°API)或密度高(大于 1000kg/m^3)。
(2) 沥青质含量高[大于 10%(质量分数)]。
(3) H/C 值低(小于 1.5)。
(4) 金属含量高(大于 100μg/g)。
(5) 杂原子含量高[S 含量大于 3%(质量分数)；N 含量大于 1000μg/g]。
(6) 酸度高[TAN>2mg(KOH)/g]。
(7) 残炭含量高[康氏残碳大于 10%(质量分数)]。

(8) 渣油大分子化学成分不清楚。

鉴于上述沥青性质，需要深度改质条件以改变沥青性质，改质程度取决于温度、总压力、停留时间、氢与总料比例及氢分压5个因素。

改质程度预示着渣油的转化，改质程度越高，渣油转化程度越高。

渣油转换率通过式(7-1)计算：

$$渣油转换质量分数=\frac{加料中渣油质量-产物中渣油质量}{加料中渣油质量}\times 100\% \quad (7-1)$$

同样地，在二级改质工艺中，硫、氮或金属的去除率可通过式(7-2)计算：

$$硫/氮转换质量分数=\frac{加料中硫、氮质量-产物中硫、氮质量}{加料中硫、氮质量}\times 100\% \quad (7-2)$$

当然，催化改质的转化率很大程度上取决于催化剂活性。

第四节　主要改质工艺

改质工艺的第一步就是用减压蒸馏塔将轻质馏分油［低于535℃（低于1000°F）］与渣油［大于535℃（大于1000°F）］分开。轻质馏分油与炼厂所熟悉的常规中等酸度原油相似，分离相对容易，而重质非蒸馏渣油的改质却很难，这种渣油在沥青中占1/2。选择哪种改质工艺，关键取决于这种改质能否优化大分子重质油的裂化过程，最大限度提高馏分油产量。

沥青中氢含量低，H/C值不足1.5，这就需要在沥青改质时提高该比例，使改质后产物中H/C值超过1.5。有两种方法可以提高该比例，那就是脱碳工艺或加氢工艺。

如图7-2所示，主要有脱碳和加氢两种改质工艺。市场上有几种可供选择的脱碳工艺，它们都已实现商业应用，并且相比加氢工艺经济上更有优势。但是，脱碳过程一般会极大降低轻质油产量，因为部分原油会转化为固体焦炭或沥青。个别改质工艺会在第八章详细介绍，下面只论述一般的改质工艺。

一、脱碳工艺

可以通过热处理工艺脱碳，改变原料的分子结构，也可以简单物理脱碳，浓度较高的大碳链结构，例如沥青，通过溶剂萃取实现物理脱碳。沥青改质最根本的反应就是大分子热裂解为小分子。分子裂解反应受键能控制，由于化学键种类很多，键能也各不相同，因此热裂解反应过程比较复杂。下面将分别论述不同类型的脱碳工艺。

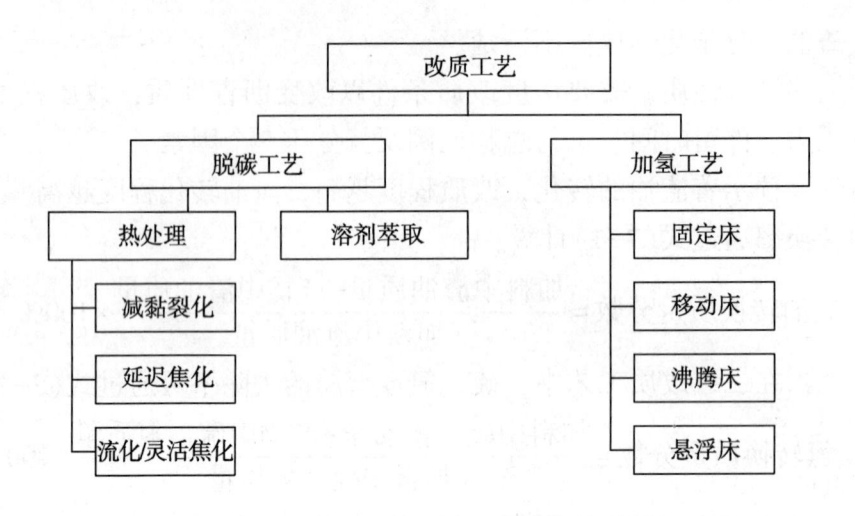

```
                    改质工艺
                   /         \
              脱碳工艺        加氢工艺
             /      \         |
          热处理   溶剂萃取    固定床
           |                   |
         减黏裂化              移动床
           |                   |
         延迟焦化              沸腾床
           |                   |
       流化/灵活焦化           悬浮床
```

图 7-2 重油改质工艺选择

1. 减黏裂化

减黏裂化是最经济，同时也是最简单的热裂解工艺。它是一种最古老的裂化工艺，重质油经过轻度热裂解生成燃料油，降低了原料的黏度。

在减黏裂化过程中，大分子经部分热裂解后黏度降低，生成的燃料油具有了流动性。该工艺有其局限性，其中最常见的问题就是裂化后的产物稳定性差。因为工艺中生成的残渣燃料油几乎没有市场，所以在美国和加拿大使用该工艺不多，只在欧洲有少量使用。为此，后边不再对该工艺进行详细论述。

在减黏裂化时，原料经过火炉，在火炉盘管中发生热裂解反应，减黏裂化炉温度通常为450～500℃，原料滞留时间为1～5min。还有另外一种减黏裂化炉，名为裂化反应塔，装置内温度降至430～450℃，原料滞留时间增加至5～8min，该装置相比于火炉盘管会生成更多焦炭，需要不断去除焦炭，增加工艺成本，操作烦琐，但产品质量一样。

最常用的商业减黏裂化装置中，渣油转化率为20%～30%，因为随着转化率增加，沥青质析出沉淀，使得裂化产物不稳定。减黏裂化后的轻质油作为炼厂的混合油，重质油作为制取燃料油的原料。

2. 焦化

使用最广泛的热裂化工艺是焦化。它是美国炼厂所使用的主要工艺，在加拿大和委内瑞拉也越来越广泛使用。在焦化过程中，对原料进行深度热处理(即在高温和较长的滞留时间下加工)。经过焦化处理的原料，渣油的转化率几乎达到100%。

图 7-3 为一种假设的渣油在焦化过程中的反应机理。通过深度裂解，芳香族结构的支链随机裂解生成芳香族化合物和液体石蜡。较大的芳香族化合物分

子,通过脱氢和缩聚反应,最终生成焦炭(图7-3中的焦炭1),液体石蜡进一步裂解和脱氢生成富含烯烃的轻质油(称为焦化油)和汽油。也有一部分烯烃经过缩聚反应生成焦炭(图7-3中的焦炭2)。因为焦炭来自原油,所以在世界市场上又被称为石油焦。

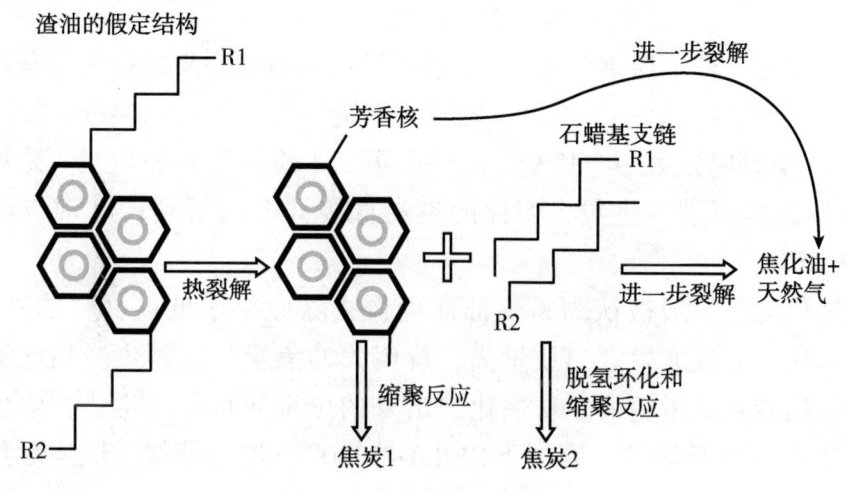

图7-3 焦化反应机理

从图7-3可以看出,焦炭1是由含有杂原子和金属的芳香核生成的,因此,它含有大量的硫、氮和金属。尽管焦化油具有很高的市场价值,但是该工艺的主要经济价值来自焦炭。焦炭2由液体石蜡和芳香族化合物生成,含有少量杂原子,几乎不含金属。焦炭2的H/C值高于焦炭1,属于晶质结构,而焦炭1为非晶质结构。焦炭2比焦炭1具有更高的市场价值。

焦炭、焦化油和汽油的产量和性质主要取决于原料的质量,因为原料经过了深度热处理,渣油的转化率几乎达到100%。

主要有延迟焦化和流化床焦化(亦称为流化焦化或灵活焦化)两种商业焦化工艺。

随着加拿大沥青产量逐渐增加,美国和加拿大的焦化能力也在增加。大部分焦化工艺为延迟焦化,相比之下,流化床焦化因为焦炭在焦化过程中全部燃烧掉,使得焦炭产量低,应用相对较少。

3. 延迟焦化

延迟焦化炉被称为炼厂的"垃圾桶",任何不想要的原料都可以扔进该垃圾桶进行处理。在焦化过程中,最重组分(最难转化的材料)被转化为焦炭,部分焦炭进一步转化为轻质油。焦炭的产量和品性主要受原料性质影响,最常用的原料是减压渣油,它含有较多硫和金属。焦炭产量直接与渣油中沥青质浓度和康氏残炭值相关。

焦化反应在焦炭塔中进行，塔的出口温度为430～450℃（800～850℉），压力为30～60psi（表压）。原料经过加热炉高温加热[490～500℃（910～930℉）]后从焦炭塔底部进入塔内，在塔底滞留数小时后转化为焦炭。焦炭呈多孔状，确保轻质油和汽油从中流过，焦炭在塔底逐渐积聚至塔顶，而气化产物从塔顶流出。

延迟焦化是一种半连续工艺，生产周期为24小时。典型焦化厂有两个焦炭塔，在前12小时内，第一个焦炭塔先充满焦炭，然后原料切换进入第二个焦炭塔，在后12小时内，第一个焦炭塔除焦而第二个焦炭塔充填焦炭。采用高压蒸汽（3000psi）切割掉塔内焦炭，切掉的焦炭直接从塔底落到传送带或运输车上（汽车或火车）。

虽然焦化工艺一般被认为是炼油商用作去除原料中低值材料的一种方法，但是延迟焦化工艺也能生产出质量高、价值大的焦炭，这种焦炭相比流化焦化工艺生产的焦炭需求量更大。从焦化炉出来的焦炭通常称为生焦，生焦转入炭和石墨工业前要在回转炉内高温下（1200～1350℃）进行煅烧，煅烧后焦炭去掉了挥发组分，具有晶体结构。

石油焦主要有海绵焦、球状焦和针状焦三种类型。它们的性质和用途截然不同。

海绵焦是在延迟焦化工艺中，快速加热渣油然后进入焦炭塔形成的。这种焦性质上像海绵一样松软多孔，因此得名海绵焦。通过艾伯塔沥青生产的海绵焦通常硫和金属的含量非常高，有时甚至不适合燃烧，这主要取决于其纯度。但是，低纯度海绵焦经过煅烧后可用于铝业阳极制造。

当操作人员通过操作焦炭塔使得液体馏分产量增加，而焦炭产量降低时，此时会形成球状焦。顾名思义，球状焦通常为球形，大小不一，这种焦炭价值最低。

生产针状焦是延迟焦化的一种特殊工艺，这种焦价值最高。该工艺不像其他延迟焦化工艺那样以渣油为原料，而是以一种分子量低、芳烃含量高的重油液体为原料，原料中沥青质含量低，纯度高（如金属含量低），其焦化反应过程见图7-3中焦炭2的生产过程，针状焦中不含硫和金属。因为它是通过分子量低的重油分子缩聚而成的，具有层状或晶体状结构，分子间没有交联，因其针状结构外表而得名。

针状焦的加工过程极其严格，大部分相关信息是保密的。原料预处理过程主要是除掉杂质，这些原料有油浆、澄清油和热沥青。针状焦产量和质量除了受原料性质影响外，还取决于焦炭塔的操作条件，例如温度、塔内压力、原料回炼比和蒸汽条件。

针状焦在石墨电极生产行业具有特别的市场地位，这对于针状焦的规格要求是十分严格的，不仅硫含量要很低[低于0.5%(质量分数)]，而且金属浓度不得高于100μg/g。由于其在电极行业的应用，针状焦的一个主要特性就是热膨胀系数(CTE值)，该值表示电极在炉内温度下膨胀的速度，膨胀速度越慢或该系数越低表示针状焦的质量越好，市场价值也越高。

4. 流化焦化、灵活焦化

延迟焦化属于半连续过程，而流化焦化属于连续过程。顾名思义，流化焦化是在提升管流化床反应器中进行的。通过在反应器底部注入蒸汽将焦炭颗粒液化，渣油原料喷洒到液化的焦炭颗粒上，裂解为轻质组分和焦炭，堆积的焦炭不断从反应器底部取出，并转移至邻近燃烧器中烧掉。

较轻油气组分从反应器顶部流出，经过旋流分离器，在旋流分离器内夹带焦粒从烃组分中分离出来，燃烧炉中的热焦粒经过回收再次进入反应器中。液化的焦炭颗粒因为杂质含量高而不适合再利用。

流化焦化反应器操作温度高于延迟焦化反应器，温度为520~540℃(950~1000℉)，但是滞留时间短，只有几分钟。因此，相比延迟焦化，流化焦化工艺焦炭产量低，而液态产品增多，原料在高温下发生更多裂化，生成更多液态产品。而较短的滞留时间不足以使不饱和烃发生聚合反应，从而降低了焦炭产量。

二、加氢工艺

重油加氢工艺是重油或沥青改质的主要步骤。由于沥青缺氢严重且含有高浓度杂原子和金属，因此需要强制通过改质去除这些杂质，以提高改质产品质量。加氢便可以达到这一目的[3-5]。重油加氢工艺在很多地方都有详细描述，随着全球对清洁燃料需求量的增加，加氢工艺也变得越来越重要。

渣油加氢工艺包含以下反应过程：

(1) 加氢裂化——这是第一个反应，大分子发生裂解，形成的自由基被氢覆盖，阻止其发生聚合反应形成焦炭。

(2) 加氢精制——该反应用于除掉杂原子和金属。

(3) 氢化作用——该反应与芳烃饱和同时进行(也就是与加氢精制同时发生)。

加氢精制工艺是同时发生加氢脱硫(HDS)、加氢脱氮(HDN)、加氢脱金属(HDM)及芳烃/烯烃饱和多个反应的复杂过程。

而且，由于原料中分子类型迥异，使得杂质去除的速度各不相同，这让本来就复杂的反应变得更加复杂。例如，加氢脱硫过程中不同杂质去除的速度为：

硫醇或硫醚>硫茂>苯噻吩>二苯并噻吩

重质组分的沸点越高，脱硫就会越困难。在所有情况下，硫是以硫化氢的形式去除的，反应器中硫化氢浓度越高，脱硫速度就越低。因此，为了增加脱硫速度，有必要就地除去硫化氢。脱硫过程还受到系统中氮的影响。

环状硫化物脱硫时要么与氢化同时发生，要么不发生氢化作用。但是对于环状含氮化合物，氢化作用后总是伴随着脱氮。

渣油加氢裂化初始时即使有催化剂，也不会发生催化反应。大分子的脂肪支链在350℃(660°F)以上时首次裂解，属于热裂解过程，裂解产物的氢化作用属于催化反应。

相比之下，多环芳烃在有催化剂时只发生加氢裂化反应。外层的芳香环先发生氢化作用生成环烷环，随后裂解。芳香环氢化需要在高压下完成(大于2000psi)，因此，为了完成裂化反应而不形成焦炭，渣油加氢裂化反应需要高温高压条件。多环芳烃裂化要比单环芳烃裂化容易。

所有氢化作用都是放热反应，每消耗1mol氢释放的热量为60~70kJ。

在加氢裂化过程中，最大的问题就是沥青质的存在[6]。由于它的存在，带来的非期望结果就是生成焦炭以及沥青质在催化剂表面沉积。沥青质加氢裂化的实际化学变化尚不清楚。

随着重质组分增多，裂化产物质量提高，加氢裂化程度也会变大。与常规轻质原油相比，裂化反应装置结构和沥青裂化程度都不相同。

1. 催化剂

有许多金属催化剂可用于氢化反应。常用的金属催化剂有镍、铬、钨、钼、钯、钴、铁、铜。在有硫和氮存在时，金属催化剂很容易中毒，因此，通常用金属氧化物或硫化物防止催化剂中毒。

镍钒卟啉结构直径为4~5nm[7]。高温下，这种有机金属结构分解，随后金属会沉积在催化剂表面，镍和钒覆盖住催化剂的孔隙，且这种覆盖不可逆，导致催化剂失去活性。因此，失去活性的过程是金属吸附的过程，并非通常认为的催化剂真的失去了活性。金属热沉积过程发展迅速，通常初始阶段在固定床加氢反应器的催化剂床前端便会发生，因此，设计了一个和催化剂孔隙尺寸相当的保护反应器，用于重油脱金属。

重油加氢裂化包括一系列反应，包括大分子的裂化和裂化后的氢化反应。通常，使用双功能催化剂用于上述反应过程，它是由酸性官能团和活性金属形成的催化剂，酸性官能团用于裂化反应，活性金属用于氢化反应。

商业用催化剂是由含有酸性晶态沸石和非晶硅铝化合物的载体构成的。这些物质提供了酸性官能团，载体上还浸渍有金属，例如钯、钼、镍或钨，用于氢化反应。原料中的碱性氮，如吡啶和氨，作为裂化产物，也会破坏催化剂的活性。

研究人员目前正在积极开展超分散均相催化剂的研发[8,9]。所有悬浮床加氢裂化(见第八章)都采用超分散均相催化剂,它是由活性金属纳米颗粒组成的(如镍、钼、钴和钨)。催化剂以液相形式(溶液或油水乳状液)注入反应器中,形成活性纳米催化剂,分散于整个油相中。

相比固体碱载体催化剂,超分散均相催化剂具有以下两个优点:

(1)由于超分散均相催化剂为纳米级颗粒,比表面积很大,具有更大的活性。

(2)没有载体,来自沥青填料的金属不能沉积并堵塞载体孔隙,因此催化剂能够长时间保持活性。

重油加氢裂化中氢气的浓度和分压非常重要。增加氢气量可以提高裂化产品质量,降低所需的反应器温度,同时还能减慢催化剂失活速度。因此,考虑到经济因素,应尽可能多地回收氢气,保持较高的氢气分压,同时反应器中氢气应尽量保持高纯度。

2. 加氢处理反应器

改质时沥青加氢裂化的目的是为炼厂提供高质量改质产品作原料。加氢裂化需要去除大部分金属以防阻塞流化裂化催化剂或加氢精制催化剂的孔隙,碱性氮化合物也需要去除,防止破坏流化裂化催化剂的酸性中心。原料纯度越高,对于炼厂越好。

过去很多年,重油加氢处理工艺,特别是加氢裂化得到了长足发展。反应器更新换代,通过控制金属沉积和形成焦炭大大提高了催化剂活性。下面将分别对几代加氢处理反应器进行描述,这些反应器是在超过1/4世纪的时间里研制出来的。

3. 固定床加氢裂化装置

这是第一代加氢处理反应器,用于加工含少量硫、氮和金属的轻质原油。随着重质原料纯度降低,催化剂失活速度增加。金属堵塞催化剂孔隙后,催化剂寿命大大降低,使得加工过程频繁停止。对于API重度为15~20°API的常规重油,金属含量低于100μg/g时,炼厂可以通过摇摆床和保护反应器,在一段时间内持续操作固定床加氢裂化装置。

4. 移动床加氢裂化装置

固定床加氢裂化装置经过改进,研发出移动床加氢裂化装置。在该装置中,催化剂填充床能够依靠重力从顶部移至底部,从而实现周期更换失活的催化剂。

5. 沸腾床加氢裂化装置

随着金属含量高(大于100μg/g)的非常规重油、沥青(小于10°API)逐渐进入市场，用固定床和移动床加氢裂化装置维持工艺过程的成本过于高昂。为此在下一代加氢处理工艺中，通过流经床层的液体将催化剂床层不断向上膨胀，持续添加新催化剂和替换原有催化剂，这种技术也被称为膨胀床加氢工艺。

沸腾床反应器能够成功处理重质原料，例如常压渣油或减压渣油，这些渣油不仅含有很高的金属浓度，还有很高的沥青质含量和康氏残炭值。研发这种工艺的主要目的是延迟催化剂寿命。目前，商业化应用比较多的两项此类技术分别是 Chevron Lummus Global 公司的 LC-Fining 和 Axens/IFP 公司的 H-Oil。

沸腾床存在的一个问题就是它需要较高的氢气分压和催化剂置换率。因此，工艺成本也比较高。另外一个问题是膨胀问题，在深度裂化条件下，液体和固体的流动加上床层的膨胀，使反应器内变得十分复杂。另外，催化剂受流化作用影响，磨损程度提高，因此它需要有较高的机械强度。

在没有渣油循环的单一反应器中，沸腾床工艺的转化率受到限制[低于80%(质量分数)]，这样带来的问题就是形成不溶沉积物。这些沉积物质如控制不当，就会引起操作问题或结垢。能否形成沉积物取决于原料质量和操作条件，渣油转化率越高，沉积物就越多。因为沉积物的影响，固定床工艺的渣油转化率更低[低于50%(质量分数)]。

6. 悬浮床加氢裂化装置

焦炭、金属沉积和沉积物都会引起催化剂快速失活。大分子(如沥青质)是造成上述问题的主要原因。沸腾床工艺遇到的问题可通过悬浮床工艺部分解决，固体添加剂和微米级的催化剂随着渣油原料一起加入悬浮床反应器中，由于催化剂和原料以相同的速度进入并离开反应器，这样催化剂就不容易失活，寿命也会延长。

悬浮床反应器渣油转化率很高[大于90%(质量分数)]，该工艺的重点是加氢裂化，而不是加氢精制。为了增加裂化过程，反应器内温度必须维持在一个较高的温度范围内，因此导致焦炭的形成。但是利用粉末状惰性碳基添加剂和催化剂可以抑制焦炭形成，确保系统正常运转而不结垢。

第五节 沥青改质面临的挑战

炼油改质行业如今面临着更加激烈的市场竞争。为了迎接挑战，炼油商们正在积极寻求成本低、能效高的重油改质技术。但是，由于复杂的分子结构，使得在该领域技术上创新更加困难，成本也更高。

重质油和沥青一般需要深度裂化才能形成高质量产品。随着环保法规对运输燃料要求的日益苛刻,重油加工的复杂性也越来越高。新的重油改质工艺还处于不同的研究阶段——从室内实验到商业应用,每种工艺条件和加工程度都各不相同。可以用渣油转化为合成原油的转化程度来衡量沥青的改质程度。大部分沥青改质工艺包括渣油分离(蒸馏或脱沥青)、热处理(焦化或减黏裂化)或催化加氢处理过程。

沥青改质的另外一个挑战是控制碳、硫和氮的氧化物排放。控制排放也是油砂生产过程的重要事项,因为在燃烧天然气产生蒸汽时会产生大量的二氧化碳。但是,在改质工艺中,并非所有碳都是以二氧化碳形式排放的,这主要取决于工艺过程。在脱碳工艺中,一部分碳转化为固相,例如焦炭或沥青,从而极大地降低二氧化碳的排放量。然而,焦炭或沥青的处理和堆积也是一个环境问题,因为这些物质通常有很高的硫含量和金属含量。

第六节 催化剂行业面临的挑战

氢化反应主要受催化剂活性的影响,因此,研究人员一直在想方设法提高催化剂的质量。沥青未知的复杂化学结构,特别是具有缩聚芳香结构的沥青质(粒径大于3nm)和非常大的分子量(大于1000),是其催化裂化困难的主要原因。为了处理这些大分子,催化剂孔隙尺寸应该较大,因为这些分子扩散很慢,容易通过焦炭或金属堵塞催化剂孔口,一旦孔隙堵塞,孔隙内部的活性表面就不能有效发挥作用,使得催化剂失去活性。

过去很多年里,最大的进步就是极大地降低了催化剂的粒径。随着工艺的不断进步(从固定床到流化床再到悬浮床),催化剂粒径已经从10000μm以上降至100μm以下。

在最近的催化剂研发中,科研人员正从高表面积载体转向研发无载体的超分散纳米级催化剂。在一些最新的悬浮床工艺中,将催化剂前驱体以液态形式连同原料一起注入反应器,然后在反应条件下,原地生成具有活性的纳米级催化剂[10,11]。液体催化剂通常由油溶性有机金属化合物或水溶性盐组成,它会在反应器温度条件下分解生成活性金属硫化物。

由于没有载体,也就没有孔隙,纳米级催化剂不存在孔隙堵塞问题。因此,催化剂活性会保持很长一段时间。由于表面积与体积比值很大,使得催化剂活性很高,甚至可以通过回收那些没有转化的沥青重复利用催化剂,也就是将轻质馏分去除后回收剩下的催化剂颗粒。

最大的挑战还是从液态产品中回收和再生催化剂,这些催化剂的成本很高。

催化剂的废弃也是一个棘手的环境问题。纳米级催化剂的详细内容仍然是专有信息，且仍然处于研究阶段。

参 考 文 献

[1] Gary, J. H., and G. E. Handwerk. Petroleum Refining Technology and Economics. 4th ed. New York: Marcel Dekker, 2001.

[2] Leffler, W. L. Petroleum Refining in Nontechnical Language. 3rd ed. Tulsa, OK: PennWell, 2000.

[3] Ancheyta, J., and J. G. Speight. Hydroprocessing of Heavy Oils and Residue. Boca Raton, LA: CRC Press, 2007.

[4] Speight, J. G. The Desulfurization of Heavy Oils and Residue. 2nd ed. New York: Marcel Dekker, 2000.

[5] Oballa, M. C., and S. S. Shih. Catalytic Hydroprocessing of Petroleum and Distillates. New York: Marcel Dekker, 1993.

[6] Ancheyta and Speight, 2007; Gray, M. R. Upgrading Petroleum Residues and Heavy Oils. New York: Marcel Dekker, 1994.

[7] Oballa and Shih, 1993: pp. 9-10.

[8] Pereira, P. A., V. A. Ali-Marcano, F. Lopez-Linares, and A. Vasquez. Ultradispersed catalyst composition and method of preparation. US Patent 7,897,537, 2011.

[9] Pereira, P. A., R. Marzin, L. Zacarias, J. Cordova, J. Carrazza, and M. Marino. Steam conversion process and catalyst. US Patent 5,885,441, 1999.

[10] Montanari, R., M. Marchionna, and N. Pannariti. Process for the conversion of heavy charges such as heavy crude oils and distillation residue. World patent WO 2004056946, 2004.

[11] Cyr, T., L. Lewkowicz, L. Ozum, R. Lot, and L. K. Lee. Hydroprocessing process involving colloidal catalyst formed in situ. US Patent 5,578,197, 1996.

第八章 潜在的重油改质技术

本章概述了处于商业、半商业以及正在兴起的重油改质技术。这些技术主要用在井口源头处进行重油改质。虽然很多新兴技术不是一个学术问题,但是这些技术的理念已通过小规模试验装置或示范装置验证过,将来具有商业或半商业应用潜力。

本章回避了对专门的新兴技术进行描述和对比,只是概述了其工艺过程,感兴趣的读者可以查阅该专项技术的原始资料。

第一节 改质技术和原料性质

选择哪项改质技术主要取决于原料的性质以及对改质产品的质量要求。图8-1显示了多种适用于某个特定技术的首选原料。例如,如果原料是由质量很差的减压渣油组成或沥青 API 重度很低,接近零(也就是非常高的康氏残炭值,沥青含量大于25%,硫含量大于5%,金属含量大于500μg/g),则首选改质技术为脱碳工艺,这是因为加氢技术不仅成本太高,而且难以操作。

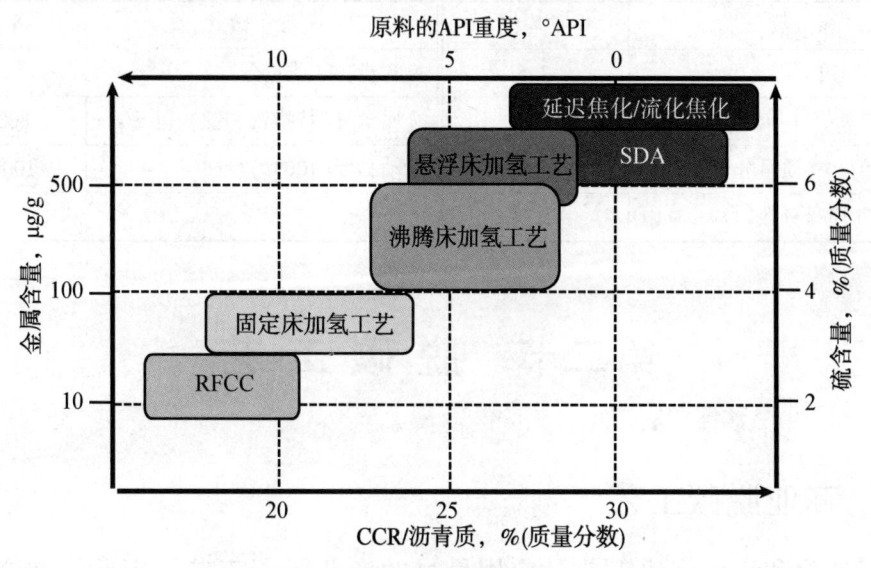

图8-1 不同原料性质对应的工艺选择

但是，流化催化裂化装置用于脱碳工艺时，不能用于那些纯度很低的原料。因为催化剂的置换速度很快，操作起来很困难，只有渣油含量低的原料，具有很低的康氏残炭值、沥青和金属含量，才能用于流化催化裂化装置。

相比之下，当原料质量很好时，有多种裂解工艺可用，这主要看原料纯度。裂解工艺的关键目的是降低成本和易于操作，成本与催化剂和氢的消耗量直接相关，而催化剂的失活速率又与金属和焦炭在催化剂表面的沉积直接相关。

在固定床反应器中，当金属含量(低于100μg/g)、康氏残炭值[低于20%(质量分数)]较低时，其能承受的催化剂失活速率最低。在较高的金属浓度下，更适合采用沸腾床工艺，它可以实现催化剂的及时更换，避免像固定床反应器那样频繁切断操作。沸腾床工艺可以处理较低API重度的减压渣油原料(低于5°API)，能承受含较多杂质的原料(大于100μg/g)。但是，随着杂质含量增加，沸腾床催化剂置换速率增加，操作成本更高。当处理质量更差的减压渣油，并且渣油金属含量更高(大于500μg/g)时，采用悬浮床技术更合适，因为催化剂失活已不是问题。因此，悬浮床技术处理的原料与延迟焦化装置处理的原料相类似。

通常情况下，艾伯塔的1bbl沥青经过原油蒸馏的第一步后，会生成15%(体积分数)的常压瓦斯油和43%(体积分数)的减压瓦斯油，这两种直接馏分[58%(体积分数)]的加工在常规炼厂的设备里就能完成，但是剩下42%(体积分数)的减压渣油需要特殊工艺经过进一步炼制后转化为清洁燃料。

以下论述的所有工艺都是以艾伯塔沥青馏分即艾伯塔渣油为原料，这种渣油的典型特征见表8-1。注意艾伯塔沥青与图2-2和表2-1所示原料的性质很像。

表8-1　艾伯塔沥青在525℃下的渣油馏分典型特征

参　数	平均值	参　数	平均值
API重度，°API	2.5	氮含量，%(质量分数)	0.6
$n\text{-}C_5$-沥青质，%(质量分数)	19.0	金属含量(特指钒和镍)，μg/g	800/200
康氏残炭值，%(质量分数)	24.5	运动黏度(100℃)，cSt	100,000
硫含量，%(质量分数)	5.5		

第二节　脱　碳　工　艺

一、商业脱碳工艺

延迟焦化和流化焦化工艺是应用最早的商业脱碳工艺，因此，在文献中可以查阅到大部分该工艺的商业应用信息。

1. 延迟焦化

应用最多的沥青改质技术就是延迟焦化工艺，因为该工艺简单经济。延迟焦化工艺已有50多年的应用历史，但是该工艺一直未进行很大的改进，工艺过程效率不高。减压渣油先在加热炉内加热至500℃，然后转入焦炭塔内，焦炭塔内温度降至430~450℃，焦炭在内部积聚超过10~12小时，整个焦化过程会产出不到80%（体积分数）或70%（体积分数）的质量较差的液态产品，大约1/3的原料转化为低值焦炭。

如图8-2所示，典型的商业用延迟焦化厂有两个焦炭塔，第一个在塔底填充热原料，同时被焦炭充满；而第二个同时会进行除焦，通常，整套设备以24小时为一个生产周期。

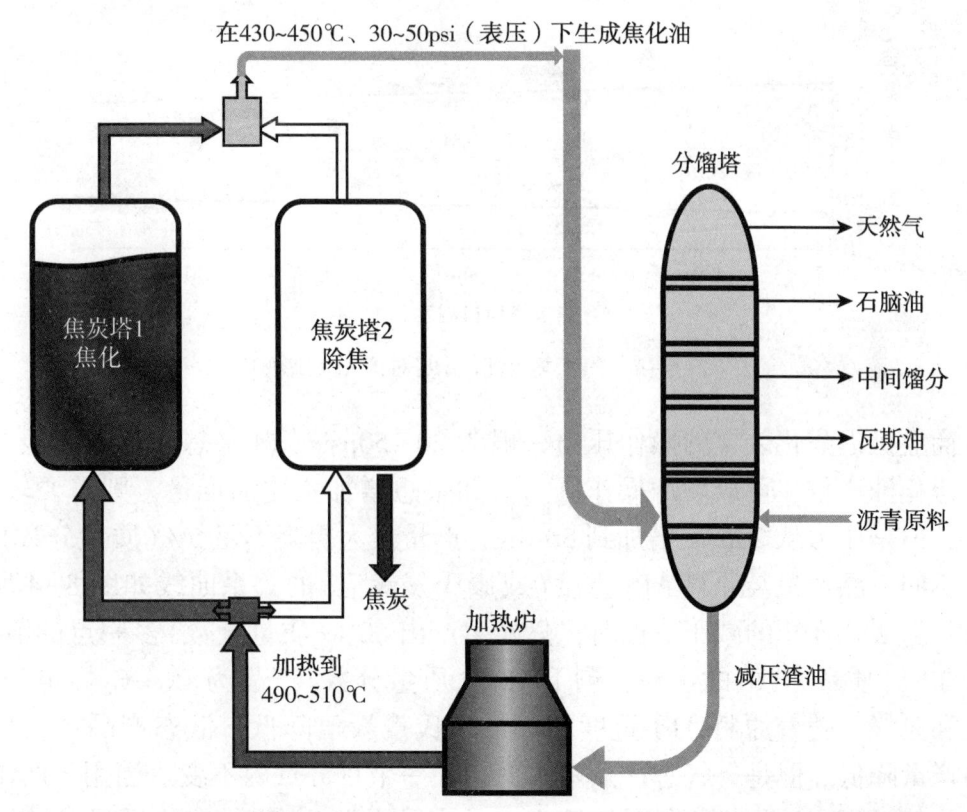

图 8-2 延迟焦化工艺流程图

蒸汽从塔顶流出直接进入分馏塔。这些产品高度不饱和，需要进一步加氢精制，以便短期储存或管道运输。焦炭塔的塔顶处通常会有泡沫层出现，泡沫携带会引起操作上的问题，操作人员利用硅消泡剂避免发泡。但是，这些消泡剂会影响到下游焦化油加氢工艺中的催化剂活性。

一些操作人员会重复利用馏分油或汽油以提高液态产品产量。大约可以提高1%~5%（质量分数）的产量，重复利用是否产生经济效益取决于产品质量和产量。

相比加氢工艺,延迟焦化工艺在操作条件上有一定限制,液相有数小时的滞留时间,但是气相滞留时间只有几分钟。

延迟焦化装置操作温度的可调节范围很窄,因为焦炭塔温度受控于加热炉温度,加热炉温度又由炉内结垢限制。但是,提高温度带来的经济效益也不高,如图8-3所示,焦炭塔出口温度增加25℃,液态产品产量增加,焦炭产量降低不到5%(质量分数),图8-3显示了以API重度为5°API的渣油为原料的结果。

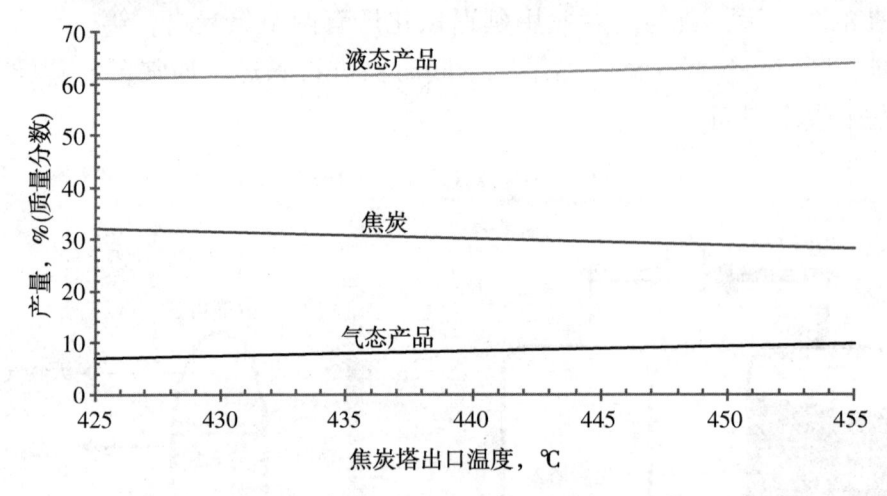

图8-3 焦炭塔出口温度对产量的影响

商业延迟焦化装置的操作压力一般为20~50psig。如果想要增加焦炭产量,降低焦化油产量,可以增加操作压力。如果想增加焦化油产量,则需要较低的压力,但是压力从20psig增加到50psig,产量最大提高不足5%(质量分数)。

不同产品产量与原料API重度(或康氏残炭值)的关系曲线如图8-4所示。当原料为2.0°API的减压渣油时,只能生产出50%(质量分数)多一点的液态产品和40%(质量分数)的焦炭,剩下10%(质量分数)产品为C_1—C_4烃组分、硫化氢和氢气。随着原料API重度增加或康氏残炭值降低,液态产品产量增加,焦炭产量降低。但是,气态产品基本保持在一个百分点内不变。当用10°API的沥青代替减压渣油作为原料时,液态产品产量增加,接近70%(质量分数),焦炭产量降低,不到原料的30%(质量分数)。

受焦化效率的影响,原料API重度增加(或康氏残炭值降低)并不一定引起液态产品产量增加和焦炭产量降低。相反,产品质量的改善是由于原料中重质液态馏分油的裂解导致的。另外,还与原料中渣油含量低有关。

通常,典型焦化液态产品包括大约50%(体积分数)汽油、20%(体积分数)中间馏分油和30%(体积分数)石脑油。因此,大部分产品属于较重或较轻的组分,而不是中间组分。

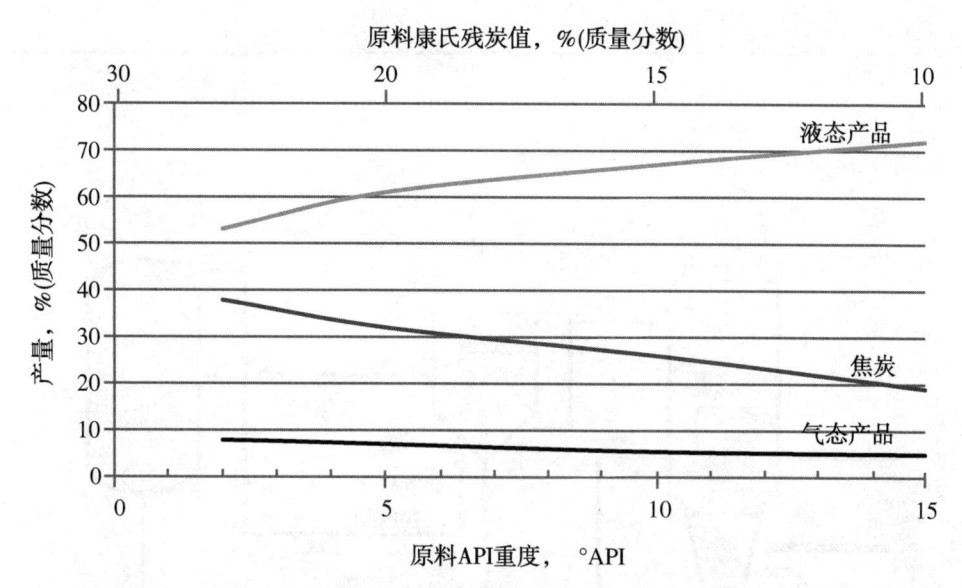

图 8-4　不同产品产量与原料 API 重度(或康氏残炭值)的关系曲线

典型焦化气态产品包括大约30%(质量分数) C_1、25%(质量分数)C_2、20%(质量分数)C_3和15%(质量分数)C_4。也就是说,随着碳数增加,相应烃的浓度降低,剩下10%(质量分数)气态组分是硫化氢,硫化氢产量主要受原料中硫含量的影响。碳数大的气态烃多数为烯烃。

因为延迟焦化属于脱碳过程,它通过原料脱碳,进而释放出氢气,而大部分氢气消耗在生产用途不大的气态烃上,而不是液态产品上。例如,甲烷消耗的氢气最多,在蒸汽状态下氢气与硫反应生成硫化氢也是消耗氢气的主要因素,焦化过程中总会生成少量的纯氢气[小于0.05%(质量分数)]。

在原料中含有很多种各类型的硫和氮的化合物,这些化合物大部分以环状结构与其中的沥青质和渣油结合在一起,结合强度很高(图2-8和图2-9)。焦化过程后,这些硫和氮的化合物多数便留在焦炭里,焦化工艺的一个优点就是超过50%的硫和超过60%的氮被脱除,以固体形式留在焦炭中,而不是与氢反应生成硫化氢或氨气。这样减少了因氢气损耗、清除废气和处理硫或氮带来的成本。延迟焦化的另一个优点是,原料中超过90%的金属转移至焦炭中,而不是进入液态产品里。

2. 流化焦化与灵活焦化

延迟焦化工艺属于间歇性生产,焦炭产量高。而埃克森公司设计的流化焦化工艺为连续生产,其液态产品产量高,焦炭产量低。灵活焦化是流化焦化过程的扩充,它只是把一部分焦炭气化,焦炭的生产过程都是一样的,焦化油产量二者之间没有很大区别。流化焦化/灵活焦化装置流程如图8-5所示。

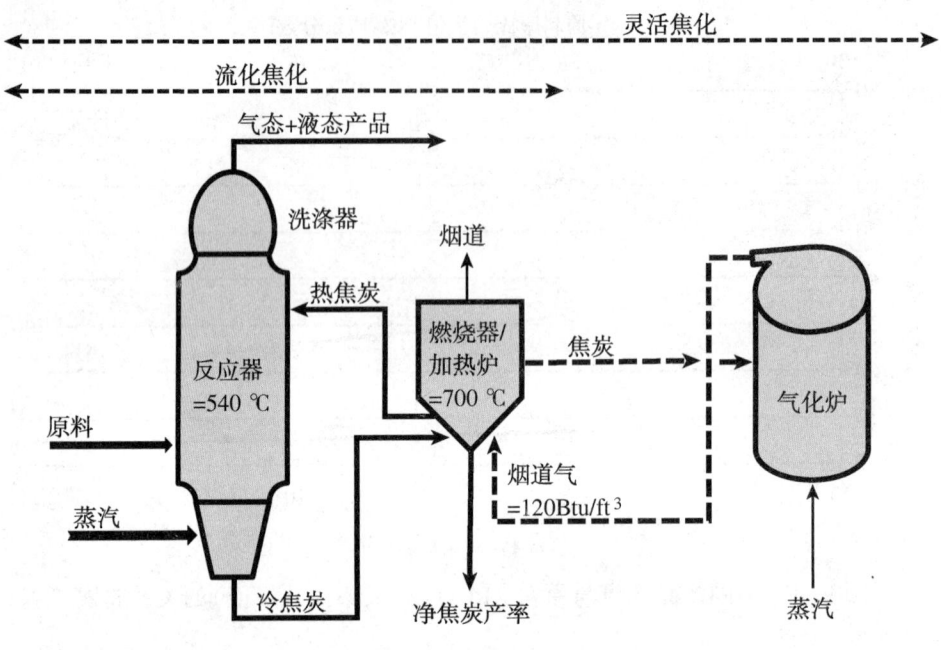

图 8-5　流化焦化/灵活焦化装置流程图

由于反应器流化，相比延迟焦化装置，流化焦化装置在较高温度下运行，原料滞留时间较短，使得大分子发生较高程度的裂化，并且发生缩聚反应的时间很短，难以形成焦炭。因此，流化焦化过程液态产品产量增加2%~3%（体积分数），纯焦炭产量（部分焦炭燃烧掉或气化）减少20%~25%（质量分数）。

在流化焦化过程中，使用燃烧器燃烧掉一部分焦炭，这会使焦炭中的硫和氮转化为氧化物（分别为 NO_x 和 SO_x）。在灵活焦化过程中，燃烧器被加热炉取代，部分焦炭转入气化炉，转化为低热值（约为120Btu❶/ft³）的气体。灵活焦化工艺的优点是，通过焦炭气化，几乎不会排放有毒气体，低热值气体还能用作燃料加入焦炭。

在流化焦化工艺中，最大的问题是新的焦炭开始在原始焦粒上沉积后，如何控制好流化焦粒的尺寸。如果没有适当控制，焦炭会逐渐聚结，随后在反应器内沉淀，最终迫使操作停止。

二、新兴工艺

1. 重到轻（HTL）的改质工艺[1]

此项工艺最初是由加拿大 Ensyn Group 开发用于快速热处理工艺，后来被美国 Ivanhoe Energy 收购。这是一项新兴的改质工艺，相关技术信息没有公开。

---

❶1Btu = 1055.06J。

该工艺旨在满足小规模炼厂，使其液态产品符合管道运输参数，而不需要添加任何稀释剂。据 Ivanhoe 称，在标准操作条件下，采用一次通过方式，HTL 工艺会产出 90%（体积分数）的液态产品，产品黏度在常温下小于 350cSt，满足管道运输参数，但是产品重度达不到 API 重度为 19°API 的指标。尽管如此，Ivanhoe 称，通过回收后采取不同的方式处理，尽管仅有 80%（体积分数）的液态产量，但黏度和 API 重度已达到指标要求。

如图 8-6 所示，HTL 改质工艺基于流化焦化原理，但本质上是一种减黏裂化工艺。在处理过程中，砂子作为热交换源（也就是代替了流化焦化装置中的焦粒），在高温下（比流化焦化反应器内温度高）将热沥青喷洒在不断循环的热砂上面，并经过很短的滞留时间（比流化焦化反应器内的滞留时间还要短），通过上述过程，大分子裂解为小分子，生产出黏度低的液态产品和焦炭。所有附着在砂子表面的焦炭在中间加热器内燃烧掉，用于加热砂子，砂子加热后再次进入反应器参与改质工艺。

除了减少滞留时间，没有形成深度裂化外，HTL 的原理并没有特别之处。20 世纪 80 年代早期有两种工艺——由 Lurgi 开发的 LR 工艺和由 Englehart 开发的 ART 工艺，都是基于流化焦化工艺理论，都采用惰性固体作为热交换介质。

HTL 工艺已在加利福尼亚的一个日产 200bbl 的示范工厂试验过，目前 Ivanhoe 在加拿大已开始建造商业化应用工厂。

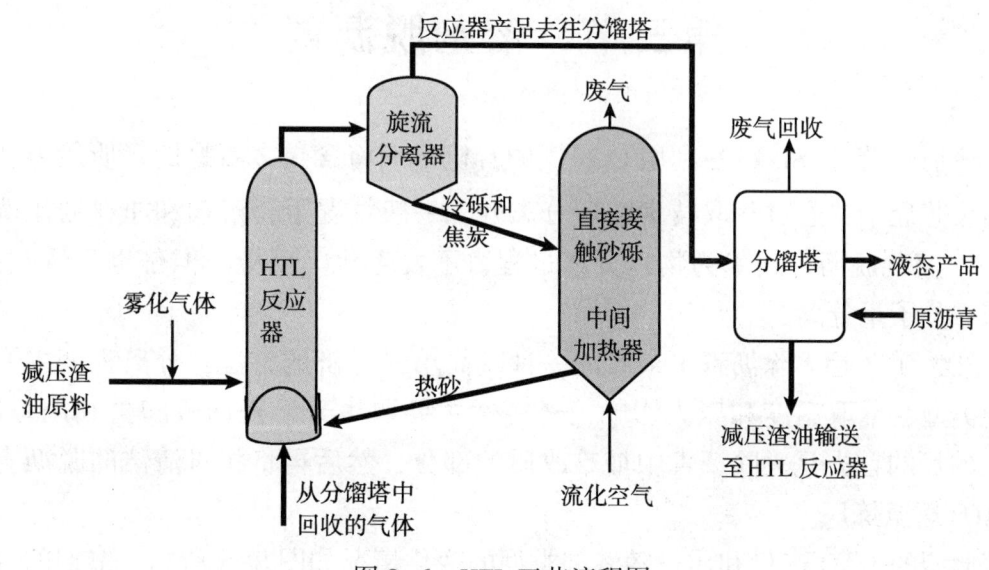

图 8-6 HTL 工艺流程图

2. IyQ 改质工艺[2]

此技术由艾伯塔的卡尔加里市的 ETX 开发，同样基于流化焦化工艺原理。但是，如图 8-7 所示，其不同之处主要在于固体加热床在水平反应器的一端，垂直流化后沿着反应器水平方向从一端移动到另一端，相比其他流化焦化工艺，IyQ 的流化床就像一个塞子一样从进口端移动至出口端。ETX 称，相比延迟焦化，这种反应器无底合成原油的产量增加了 9%（体积分数），并且焦炭和气态产品产量都较低。

该技术为新兴技术，相关信息尚未公开。

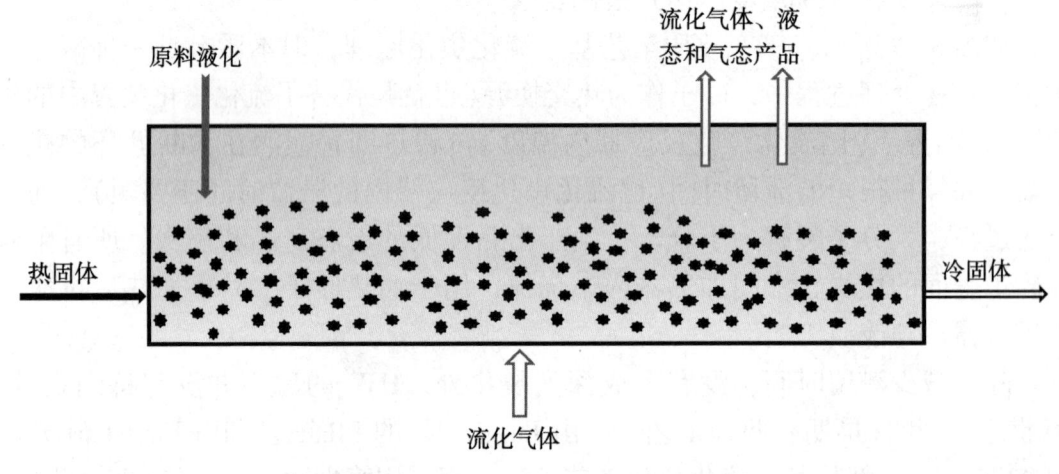

图 8-7　IyQ 改质工艺流程图

第三节　溶剂脱沥青

溶剂脱沥青（SDA）是利用 C_3—C_6 的有机溶剂将含更多石蜡的轻质烃类从重质缩聚芳烃中，通过萃取技术物理分离开。一般情况下，溶剂和原料的比例为 3~10。溶剂脱沥青技术为物理分离过程，不发生化学反应。但是也不像蒸馏，不依靠分子量分离。

SDA 工艺是去除沥青中杂质的一种既简单又经济的方法，分离程度主要受溶剂类型、萃取温度和压力影响，经济性主要取决于溶剂回收和再利用程度。SDA 的目的首先是去除沥青中最难改质的部分，然后再将相对清洁的脱沥青油（DAO）送至炼厂。

典型的 DAO 产量和质量随溶剂类型的变化情况如图 8-8 所示。溶剂的分子量越大，DAO 产量越高，或沥青质/沥青产量越低，随着 DAO 产量增加，其质量变差。因此，溶剂分子量越小，DAO 产量越低，但是其质量越好，并且随着 DAO 产量的增加，产品中杂质含量增加（主要为硫、氮和金属），API 重度减小，康氏残炭值增加。

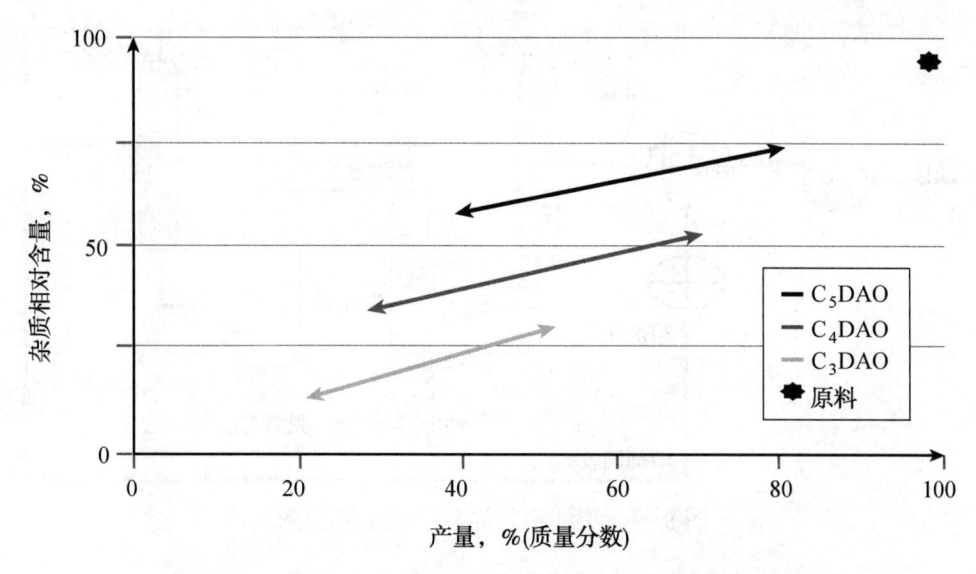

图 8-8　脱沥青油产量和质量随溶剂类型的变化情况

如果脱沥青残渣没有什么市场，那么脱沥青技术就没什么吸引力，而且与其他改质产品相比，DAO 质量较差，特别是用作加氢处理的原料时，随着 DAO 质量变差，催化剂中毒的概率也会增加。

以下内容介绍了两种脱沥青技术，一种为商业应用技术，另一种为新兴技术。

一、商业溶剂脱沥青技术——渣油超临界萃取技术[3]

主要有两种商业化的溶剂脱沥青技术：一种是渣油超临界萃取技术，目前该技术已成为 KBR 公司的专利技术；另一种是由 UOP 公司开发的 Demex 工艺。因为渣油超临界萃取技术在世界上应用最多，因此有必要对其进行简要介绍。

渣油超临界萃取技术流程如图 8-9 所示。首先，原料与溶剂在第一个分离器中混合，沥青质从中析出，然后 DAO 和溶剂转移至第二个分离器中，DAO 分离出来而溶剂被回收。第一个分离器的工作条件为亚临界状态，第二个分离器(回收溶剂部分)处于超临界状态，大量溶剂回收后重复利用。

分离程度由温度、压力和溶剂类型控制。关于该技术的详细内容，读者可登录 KBR 公司网站了解。

在第四章中给出了不同燃料的热值(表 4-1)，其中沥青质和脱沥青残渣相似，热值为 37.5MJ/kg，比石油焦多 20%。因此，脱沥青残渣可单独用作燃料，或与石油焦、煤混合后用作燃料。KBR 公司已将脱沥青残渣转化为球状燃料销售了。

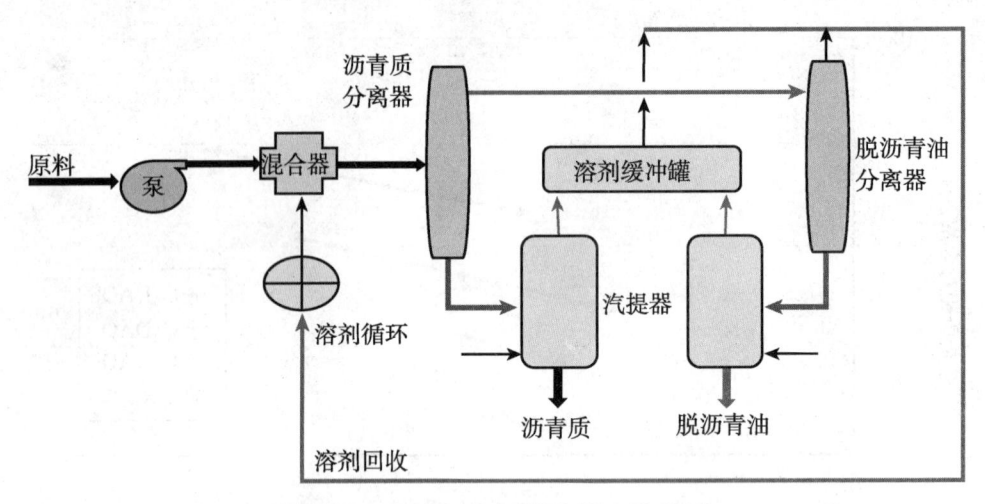

图 8-9　渣油超临界萃取技术流程图

二、新兴 SDA 技术——选择性分离回收工艺[4]

选择性分离回收工艺是由北京大学研发的一种新兴分离技术，用于分离艾伯塔沥青。如图 8-10 所示，相比渣油超临界萃取技术，选择性分离回收工艺利用三个或更多个分离柱从沥青中萃取出更多组分(如脱沥青油、胶质和沥青质)，但是由于杂质都按比例分布于各个组分中，尽管分离出更多组分，也不能说明该工艺是一项较好的技术。

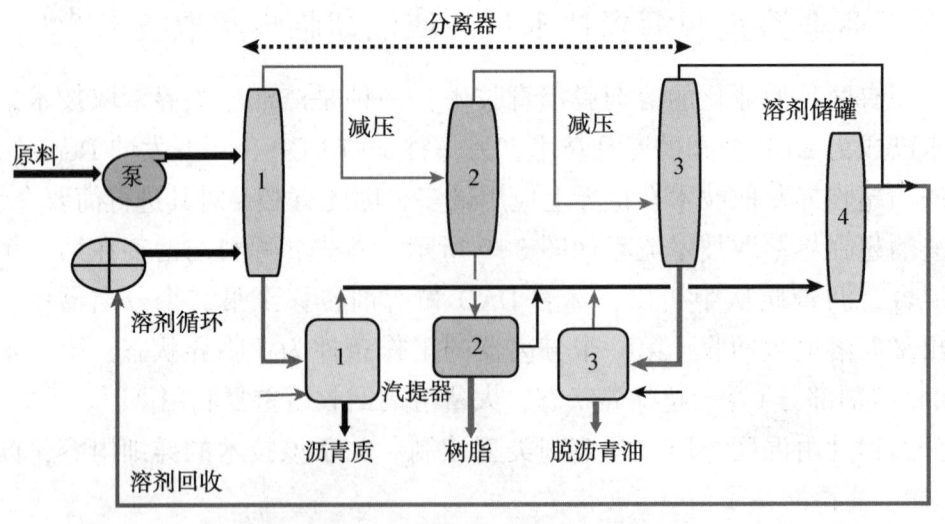

图 8-10　选择性分离回收工艺流程图

选择性分离回收工艺消耗的溶剂要比渣油超临界萃取工艺少 20%，因此操作成本较低。但是，由于萃取阶段为超临界状态，比渣油超临界萃取工艺需要的压力还要高，因此导致最终操作成本增加。

对于典型的艾伯塔沥青，采用该方法后脱沥青油产量占70%，胶质占8%，沥青质占22%。

但是，分离出更多组分就会出现有一部分产品质量很差的现象，例如，胶质中康氏残炭值和金属含量比脱沥青油高出两倍以上。

因此，很难对比两种不同的溶剂脱沥青技术，新兴技术未必好于商业应用的技术，是否经济主要取决于最终产品的用途。

第四节 加 氢 技 术

与脱碳工艺不同，加氢工艺在工艺条件和产品构成上更具灵活性。受原料性质、杂质类型和工艺条件影响，加氢工艺根据市场需求能够生产出精品合成原油。

加氢工艺的最大优点在于转化程度高（大于90%），轻质低硫原油产量超过100%（体积分数）。这种原油市场需求量大，对炼油商极具诱惑力，市场价格也高。因此，相比焦化工艺的炼油商，加氢工艺炼油商承担的经济风险更低。加氢工艺的经济性主要看渣油的转化程度。

鉴于目前世界范围内对悬浮床加氢工艺的兴趣正浓，本章介绍了一些新兴悬浮床加氢工艺，但是对于具体某个工艺的操作条件和结果不做论述，以保持对艾伯塔渣油的一般性认识。尽管最终结果取决于催化剂和原料类型，但是以下大部分论述内容对于任何一项新兴悬浮床加氢工艺在误差范围内都是有效的。对任何一项工艺感兴趣的读者可以联系该工艺的研发者，以获取详细信息。

在商业化的加氢裂化工艺中，渣油加氢裂化后都要有相应的加氢精制处理，以提高产品质量。以下试验数据是没有经过加氢精制的结果，虽然大部分结果来自个人经验，但是在各种书籍和报道中可以发现更详细的信息[5-11]。

一、工艺参数

渣油转化率是衡量所有加氢裂化工艺的标准，它与操作条件直接相关。具体操作条件通常涉及公司专利信息。催化剂在裂化产品的氢化反应中发挥重要作用。目前的悬浮床加氢工艺正转向均质超分散纳米催化剂。

操作条件（指定的正常范围）为：反应器温度440~460℃，空速0.5~1.5h^{-1}，氢气分压10~20MPa。

渣油加氢裂化的关键评价参数将在下一部分进行论述。此处只进行一般论述，旨在为读者提供一份技术评价指南。但是，若想知道某个工艺的经济评价，则需要该工艺的具体结果。

二、产品产量

任何一项工艺的成功都是通过产品产量来衡量的，尤其是价值最高的产品的产量。对于加氢工艺来说，就是合成原油（$C_5 \sim 525℃$）的产量。从图 8-11 可以看出，合成原油和气态产品的产量随着渣油转化率的增加而增加，当渣油转化率从 55%（质量分数）增加至 92%（质量分数）时，合成原油从 50%（质量分数）增加至 80%（质量分数），$C_1—C_4$ 烃类产量几乎增加了一倍，从 3.5%（质量分数）增加至 7.0%（质量分数）。原料中硫含量越高，转化率就越高，就会生成更多的硫化氢。

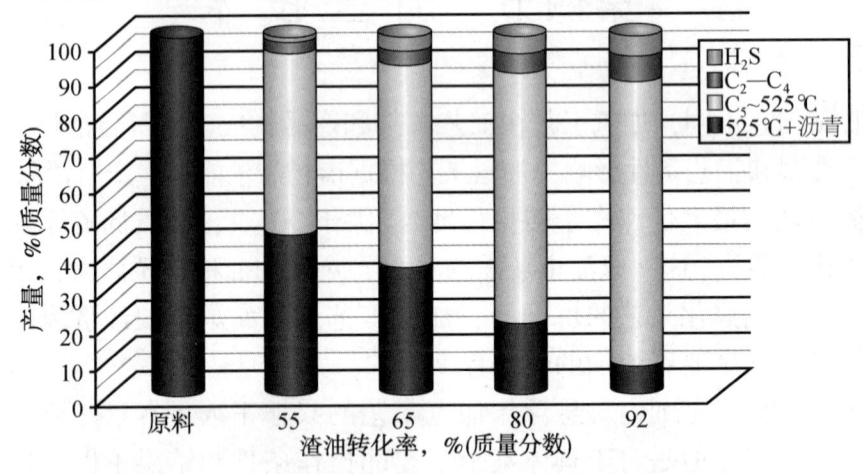

图 8-11 裂化产品产量与渣油转化率之间的关系

三、液态产品的 API 重度

加氢转化的目的是为炼油商们提供高质量的合成原油。API 重度是衡量原油质量的基本参数，对于较高的 API 重度原油，炼油厂商会支付溢价。

两种液态产品的 API 重度与渣油转化率之间的关系如图 8-12 所示。

渣油转化率为 55%（质量分数）时，C_{5+} 全部液态产品的 API 重度为 15°API；渣油转化率为 65%（质量分数）时，C_{5+} 全部液态产品的 API 重度为 19.5°API。因此，在渣油转化率为 55%（质量分数）时，液态产品的 API 重度较低，质量较差，甚至达不到管道 API 重度为 19°API 的标准。如果生产商打算销售全部液态产品，最好产品至少满足管道运输参数要求，也就是加氢裂化装置应该让渣油转化率至少达到 65%（质量分数）。但是，渣油转化率超过 90%（质量分数）时，C_{5+} 全部液态产品的 API 重度超过 30°API，成为较好的炼厂原料。

如果生产商们想要销售的仅是合成原油，那么液态产品的 API 重度始终为较高值，始终高于管道运输标准。渣油转化率从 55%（质量分数）增加至 92%（质量分数）时，合成原油重度从 25°API 增加至 32°API。渣油转化率很高时，

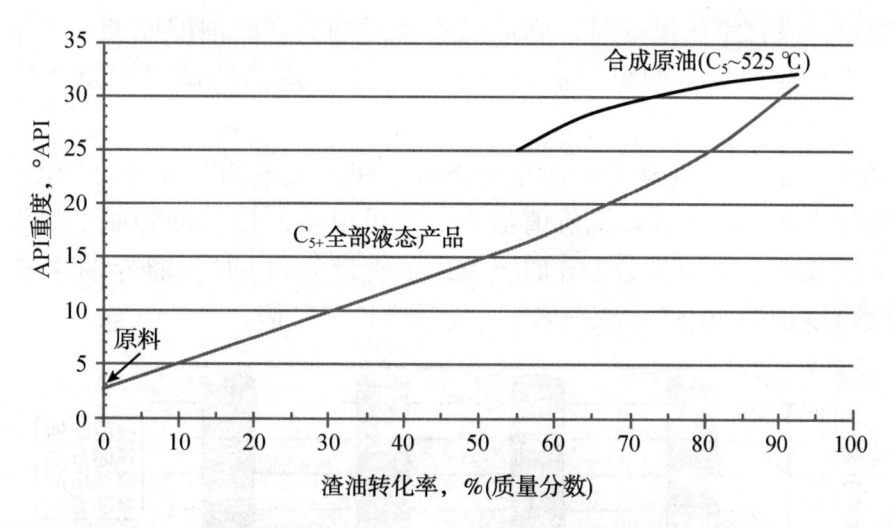

图 8-12　两种液态产品的 API 重度与渣油转化率之间的关系

不仅 API 重度增加，而且合成原油产量也增加，从大约 75%（体积分数）增加至 100%（体积分数）（图 8-13）。在石油工业，液态产品是按照体积销售的，因此增加合成原油的体积和 API 重度，就会提高生产商的利润率。

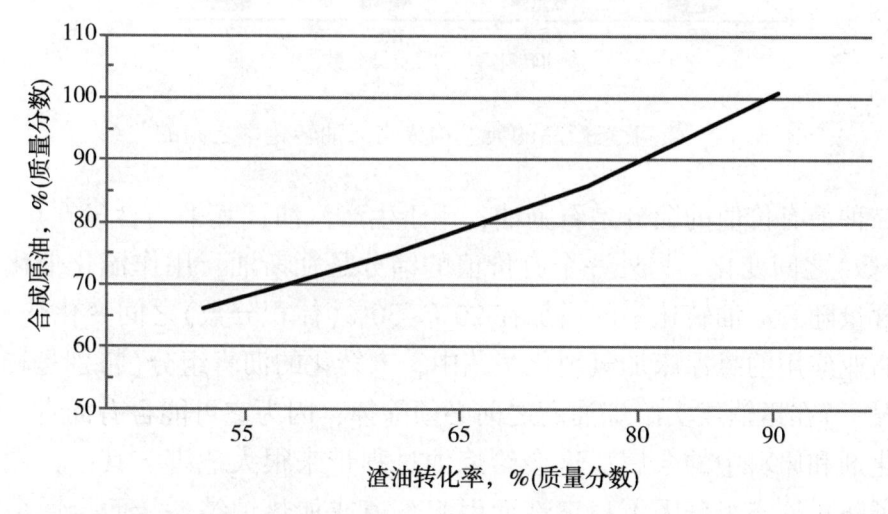

图 8-13　合成原油的体积分数与渣油转化率之间的关系

渣油转化率超过 90%（质量分数）时，C_{5+} 液态产品和合成原油的总体积收率超过 100%。读者应该注意，在商业化的处理工艺中，合成原油通过固定床加氢裂化装置和加氢精制装置进行二级加氢改质，渣油转化率超过 90%（质量分数）时，总的液态产品产量相比原料体积，会超过其 105%（体积分数）。

四、液态产品组成

原油的质量通过其构成来衡量。对于炼油商来说，原油价值取决于其炼制能力。例如，只有焦化设备时，炼油商更愿意购买含渣油的原油，而不愿购买不含渣油的合成原油。如果没有加氢精制设备，炼油厂商更愿意收购低含硫原油。

C_{5+}液态产品的典型构成与渣油转化率之间的关系如图8-14所示。通常情况下，馏分油对于炼油商来说价值最大，它可以生产出柴油和航空煤油，当渣油转化率从55%（质量分数）增加至92%（质量分数）时，馏分油含量从25%（体积分数）增加至50%（体积分数），几乎增长了一倍。

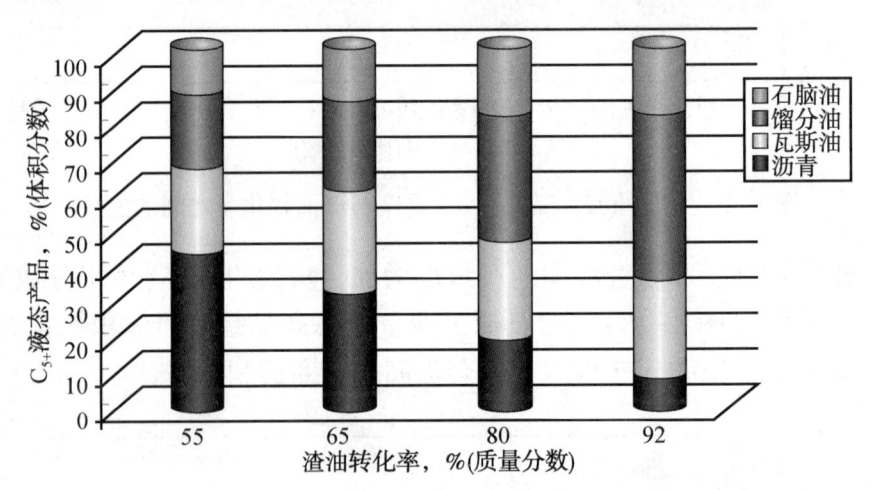

图8-14　C_{5+}液态产品的典型构成与渣油转化率之间的关系

第二种最有价值的馏分是石脑油，用于生产汽油，其平均含量在15%~20%（体积分数）之间变化。另外一个有价值的馏分是瓦斯油，用作流化催化裂化原料，其含量随着渣油转化率的增加在20%~30%（体积分数）之间变化。

在商业应用的悬浮床加氢裂化工艺中，未转化的沥青组分（特别是转化率很高的情况下）在运输或卖给炼油商之前必须除掉，因为它可能含有沥青质、沉积物、催化剂和原料中的金属，这会给炼油过程带来很大危害。其中，除去沥青质是为了防止液态组分因不稳定性而引起管道或加热炉结垢，而金属会使下游加氢处理时的催化剂中毒失去活性。

五、气态烃组分

气态产品产量几乎呈线性增长趋势，随着渣油转化率从55%（质量分数）增加至90%（质量分数）以上时，气态产品从4%（质量分数）增加至7%（质量分数）。如图8-15所示，气态烃浓度随碳数增加，相应组分浓度降低。这清楚地表明，随着转化率提高，大分子的裂解增加。

气态组分中甲烷浓度增加主要有两个缺点：

(1) 甲烷会消耗更多的氢气。甲烷形成时，每个碳原子会结合 4 个氢原子。

(2) 很难将甲烷从氢气中去除掉，因此，回收氢气提纯过程中造成氢气过多损失。

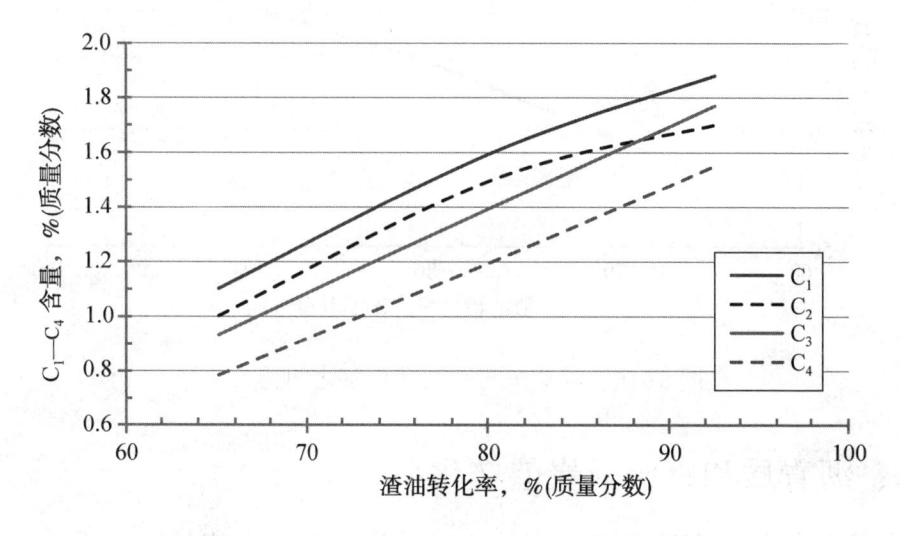

图 8-15　C_1—C_4 组分含量与渣油转化率之间的关系

第五节　加氢效率

对于催化剂活性或加氢效率没有直接的衡量参数。但是这又是一个很关键的参数，因为氢气会提高合成原油的质量，是一项重要的操作成本。如果加氢效率低，会导致反应器内严重结垢。以下章节将论述影响加氢效率的重要参数。

一、脱硫

合成原油脱硫的一个目的就是满足炼油商对硫和氮的指标要求。随着洁净燃料需求的增加，在合成原油运输前有必要尽可能多地从高含硫的沥青原料中去除硫。在加氢裂化过程中，含硫和氮的大分子裂解后，部分杂原子与氢气反应生成硫化氢和氨气。脱硫率与渣油转化率之间的关系如图 8-16 所示。

当渣油转化率为 65%（质量分数）时，脱硫率超过 50%（质量分数）；当渣油转化率超过 90%（质量分数）时，脱硫率超过 70%（质量分数）。但是，脱硫效果主要受原料性质和催化剂稳定性影响。

脱硫是加氢作业的部分目的，同样地，加氢脱氮和加氢脱金属也受工艺流程和加氢效率的影响。总的加氢效率由加氢脱硫、加氢脱氮和加氢脱金属的效率综合衡量。

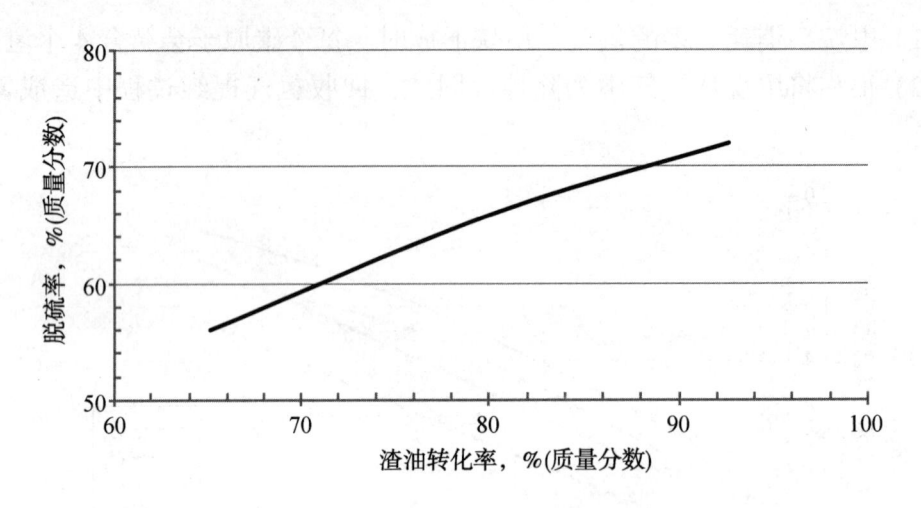

图 8-16　脱硫率与渣油转化率之间的关系

二、沥青质和康氏残炭值转化率

其他衡量加氢效率的主要参数是沥青质和康氏残炭值的转化率。沥青质和康氏残炭值转化率与渣油转化率之间的关系如图 8-17 所示。在加氢效率为 100% 的理想情况下，沥青质和康氏残炭值转化率随着渣油转化率的变化趋势应符合 $Y=X$ 曲线。但是，从图 8-17 中可以看出，沥青质转化率曲线是一条直线，随着渣油转化率增加而增加，并且有逐步向 $Y=X$ 曲线靠拢的趋势（尽管总是稍微低于该曲线）。渣油转化率达到 90%（质量分数）以上时，沥青质转化率曲线接近（5% 以内）$Y=X$ 曲线。

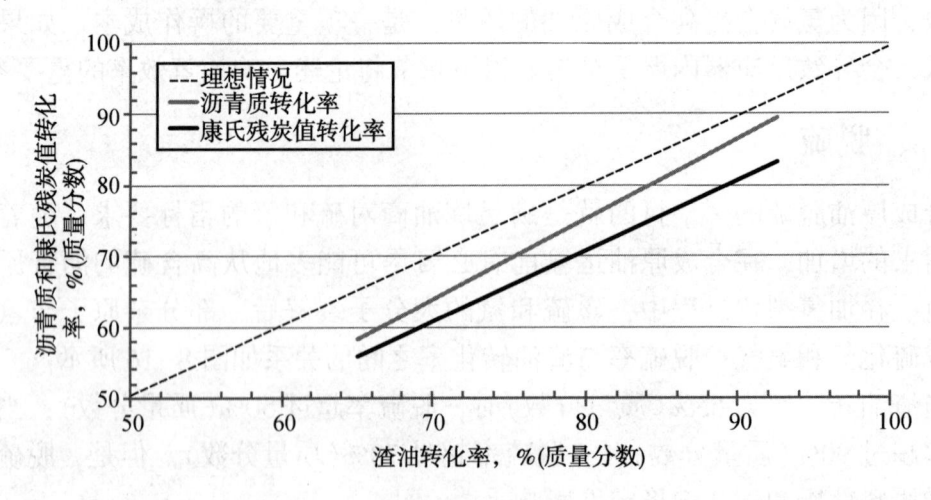

图 8-17　沥青质和康氏残炭值转化率与渣油转化率之间的关系

并且从图 8-17 还可以看出，康氏残炭值转化率曲线也是一条直线。但是，它总是位于沥青质转化率曲线的下方，且几乎与 $Y=X$ 曲线平行（仅仅相差 10%）。

上述结果清楚地说明，沥青质和康氏残炭值转化率直接受渣油转化率影响，并且在整个工艺过程中沥青质转化率总是高于康氏残炭值转化率。

三、氢气的损耗

氢气的实际损耗量基于工艺化学反应过程，不仅包括脱杂原子和金属，还包括芳烃的氢化反应和大分子（如沥青质）的加氢裂化。氢气损耗量直接与催化剂活性和原料性质相关。氢气损耗量与渣油转化率之间的关系如图8-18所示，随着渣油转化率从65%（质量分数）增加到90%（质量分数）以上，氢气损耗量呈线性增长，从850ft^3/bbl增加至1250ft^3/bbl。

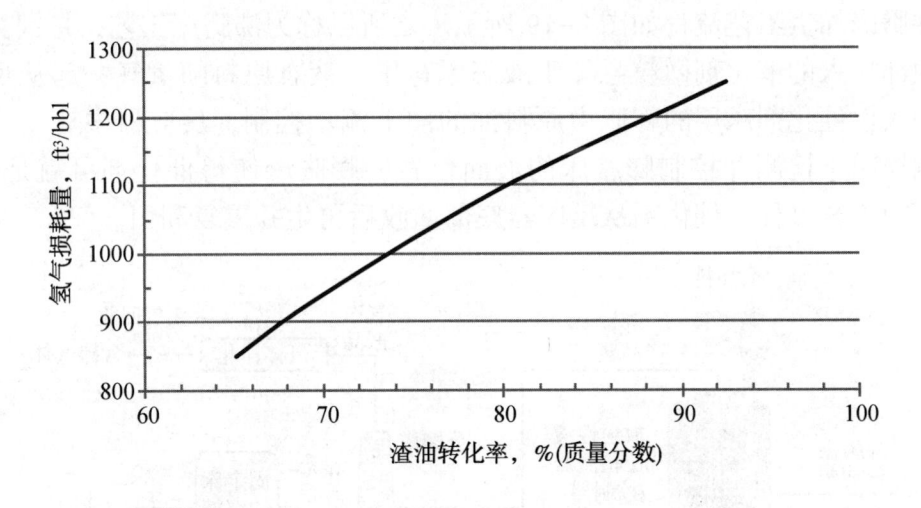

图8-18 氢气损耗量与渣油转化率之间的关系

氢气损耗量并不能直接说明工艺效率。氢气损耗可能由于以下原因而降低：催化剂活性降低，渣油转化率降低，液态产品质量差或原料质量好。

氢气损耗不应该作为评价加氢工艺的标准。但是，氢气损耗的主要成本是根据加氢体积计算的，这涉及反应器中氢气与原油的比值、氢气分压和回收氢比例等参数。回收氢的提纯程度，即提纯成本，是一个重要参数，因为反应器入口氢气分压取决于氢气纯度，而这又会影响加氢反应过程。

第六节 渣油加氢裂化工艺

一、沸腾床加氢工艺

沸腾床加氢工艺是目前唯一正在应用的商业化渣油加氢裂化工艺，它可以加工加压渣油。广泛应用的商业化沸腾床加氢工艺有 LC-Fining(Chevron Lummus Global)和 H-Oil(Axens/IFP)两种。还有一个称为 T-Star 的沸腾床加氢工艺，但是它用于加工重瓦斯油，最初由 Texaco 公司研发，但后来成为 Axen/IFP 的专利技术，T-Star 工艺基本和 H-Oil 相同。

雪佛龙公司已开发出一些用于不同类型原料的加氢工艺，并已商业化应用。其中，LC-Fining 特别为渣油原料的加氢处理而设计。H-Oil 最初由新泽西州普林斯顿的油气研究所开发并授权，后来被法国石油学会收购，现已成为 Axens 公司的一部分。由于 LC-Fining 和 H-Oil 工艺的相似性，没必要分别详细论述，但是可以找到大量关于二者的文献资料。

沸腾床加氢工艺流程如图 8-19 所示。之所以称为沸腾床工艺，是因为从反应器顶部加入的催化剂微粒悬浮于液态原料中。液态原料随氢气一起从反应器底部加入，催化剂床层的膨胀由原料油的向上流动控制，反应器中有一个放射性探测器用于检测并控制膨胀床的液面位置，膨胀床使得催化剂可就地回收，且不影响工艺过程，催化剂从反应器底部回收后再生并重复利用。

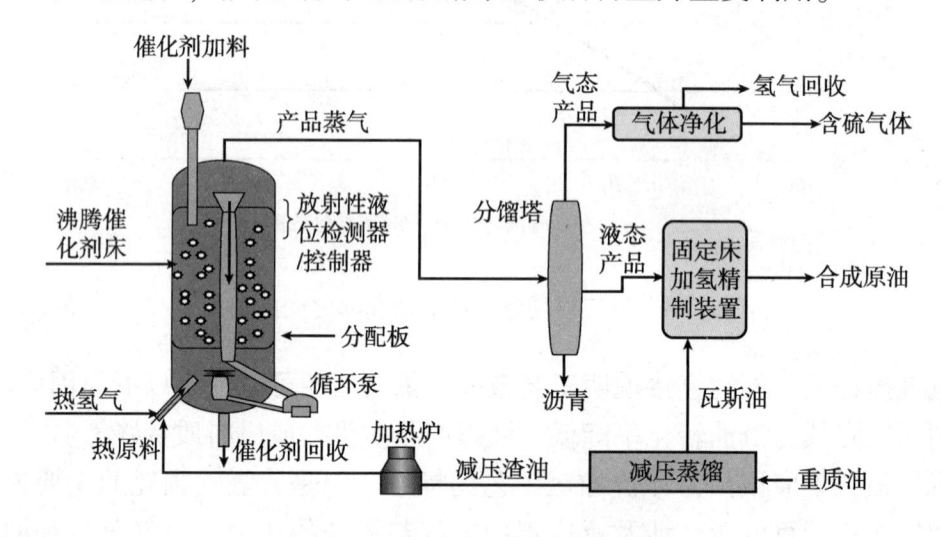

图 8-19　沸腾床加氢工艺流程图

减压渣油为反应过程原料。通常经过一个单一反应器系列后渣油转化率达到 60%~65%(质量分数)，为了增加渣油转化率，系统会多次运行反应器。即使这样，渣油转化率最大也只能达到 80%~85%(质量分数)。

产品从反应器顶部流出，然后通过分馏塔转化为气态馏分、合成原油和沥青三种主要的馏分。

(1) 气态馏分。气态产品经过净化，氢气回收重复利用，烃类用于燃料。

(2) 合成原油。液态产品通常送至加氢处理器中，为了稳定产品并满足炼厂要求，有必要加氢精制。

(3) 沥青。在一些商业化处理中，未反应的沥青被送至另外一个炼制装置中，例如延迟焦化或溶剂脱沥青装置。

二、移动床加氢工艺

在固定床加氢工艺中，原料中金属含量相对较高（大于 $100\mu g/g$），为了解决这一问题研发了移动床加氢工艺。在移动床加氢工艺中，从反应塔顶部加入新鲜催化剂，而从底部取出用过的催化剂。此设备需要特殊装置以维持较高的操作压力。但是如果原料较重，金属含量超过 $100\sim200\mu g/g$ 时，要想获得较高的转化率就变得非常困难。

主要有以下三种移动床加氢工艺：
(1) OCR（催化剂在线置换）工艺，由雪佛龙公司开发；
(2) Hycon 工艺，由壳牌开发；
(3) Hyvahl 工艺，由 IFP 开发。
由于这些工艺应用不多，尤其是在北美，因此本文不再详细论述。

三、悬浮床工艺技术

全世界很多公司都在研发悬浮床加氢裂化工艺。在过去的 1/4 世纪里，人们对悬浮床加氢工艺兴致很大。尽管在商业和半商业应用上有很多经验（包括 VCC、CANMET、HDH 和 EST 专利技术的应用经验），但是在世界任何地方都一直没有实现真正的商业化应用。截至 2011 年年中，Eni 宣布他们正在意大利建设一套基于 EST 技术的商业化悬浮床加氢工艺设备，该设备加工能力为 23000bbl/d（详细内容见"发展阶段"一节）。

悬浮床加氢工艺的主要目的是，只经过一次加工，渣油转化率便可以超过 90%，而不需要重复加工。悬浮床加氢工艺的一般流程如图 8-20 所示。反应器很简单，由一个高压空筒组成（内部没有组件），比沸腾床反应器还要简单。但是它是一个三相处理工艺，高压空筒为一个上流鼓泡式反应器，其反应动力学非常复杂，操作要比实际想象的困难很多。工程师们将冷模流体动力学应用于该装置，但是发现这样行不通，因此，只能利用热模研究成果来辅助设备商业应用设计，尽管热模研究费用很高且难以操作。

悬浮床反应器操作时的最大问题就是如何维持好最佳的三相条件：含气率、持液率和固含率。三相相互关联，也就是说，某个相态增加，另外一个相应降低。高含气率会使泡沫增加，降低持液率。为了提高渣油转化率，需要较高的持液率。压力增加会导致含气率增加，工艺过程需要氢气分压较高。如果固含率增加，会影响持液率和含气率。固相沉积也是一个重要问题。因此，有必要维持反应器在最佳条件下运行，操作条件窗口窄，但是它可以使渣油转化率超过90%(质量分数)。

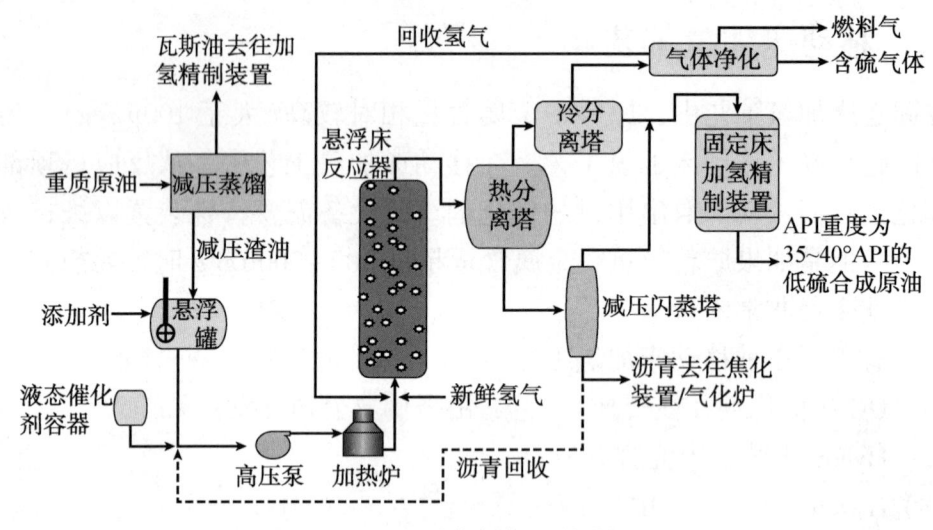

图 8-20 悬浮床加氢工艺流程图

在设计悬浮床反应器时，需要解决固相沉积、泡沫问题、氢气不足(焦化/结垢)及催化剂活性4个问题。悬浮床鼓泡式反应器的成功操作仅仅取决于操作者的经验。

在早期，悬浮床反应器使用的是粉状固体催化剂或添加剂，添加剂浓度为原料的2%~5%(质量分数)，粒径为50~500μm，添加剂同原油混合一起加入反应器。使用固体添加剂的目的主要是保持反应器中的固含率，抑制焦炭沉积。

近年来，随着均质催化剂体系的发展，研究人员向反应器中注入液态催化剂前驱体，催化剂类型和注入位置各不相同，大部分是保密的。均质催化剂由油溶性或水溶性有机金属化合物组成，金属浓度在500~1000μg/g之间变化。同时，在某些情况下，在沉降罐原料中加入了惰性固体材料[1%~2%(质量分数)]，然后同渣油混合在一起进入反应器。混合浆液和催化剂在进入反应器底部前由加热炉加热至接近反应温度，同时热氢气也从反应器底部加入，并通过入口处的分配器，之后混合物在反应器内沿着反应器向上流动。此时反应物充分混合，反应器内温度控制在1℃以内，这是一个快速放热的反应，经常发生温度失控，造成反应器发生焦化。因此有必要精确控制好反应器温度，一般是注入急冷氢实现温度控制。

所有产品，包括催化剂在内都从反应器顶部流出，首先进入高压热分离塔，在分离塔内重质组分同轻质组分分离开。在分离塔底部经过真空闪蒸最大限度地回收轻质液态产品。在以后的商业化悬浮床加氢工艺中，分离塔底部沥青将被送至另外的装置进行处理，例如焦化装置、溶剂脱沥青装置或气化器，还有可能部分回收至反应器中。

热分离塔顶部流出的物质进入一个冷分离塔，然后气态产品会从液态产品中分离出来，气态产品经过净化处理，其中氢气分离提纯后再次回收进入反应器。

在商业化应用中，合成原油(不含沥青)将会直接进入加氢精制装置处理，最终得到稳定的高质量低硫合成原油。

均相催化体系的最大弊端就是所有来自原料和催化剂的金属都留在液态产品中，分馏后它们大部分富集在沥青中，因此，在销售液态产品前有必要分离出沥青。由于沥青中金属浓度很高，对环境不利，既不能直接丢弃，也不能烧掉。另外一个弊端是均相催化剂是由昂贵的金属材料制成的，例如钴、镍、钼和钨，回收这些金属特别困难。到目前为止，还没有经济有效的方法回收催化剂。

第七节 发展阶段

图 8-21 显示了过去 1/4 世纪里不同发展阶段的悬浮床加氢工艺。每个阶段还进行了进一步的划分。

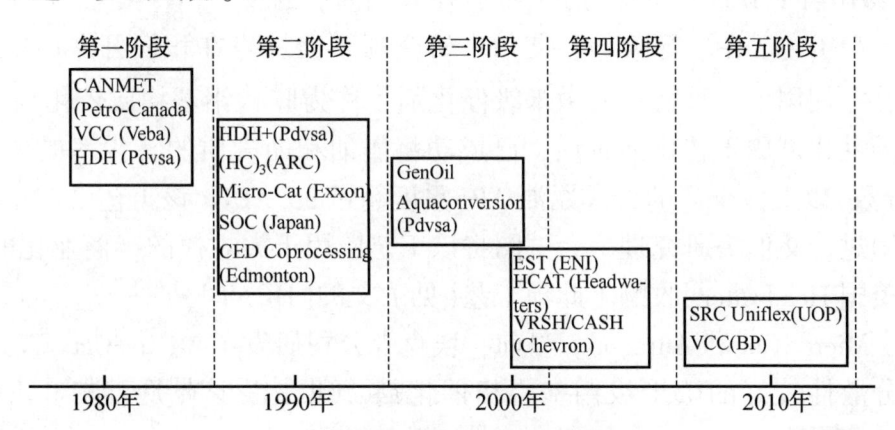

图 8-21 不同时期内的悬浮床加氢裂化工艺

一、第一阶段

这一阶段主要描述了由三家机构组织完成的开创性的工作：

CANMET 工艺，由加拿大 CANMET 能源研究实验室完成。

VCC 工艺，由德国 Veba Oel 完成(此项技术最早用于煤炭液化)。

HDH 工艺，由委内瑞拉 Pdvsa 的 Intevep 实验室完成。

在所有工艺中，使用了固体铁基催化剂和碳基添加剂以控制焦炭的形成。在商业和半商业化的反应器内以很高的转化率测试三种工艺。在加拿大蒙特利尔的 Petro-Canada 炼厂，CANMET 工艺在一个日处理 5000bbl 的商业化车间内运转，随后在 20 世纪 90 年代末期时停止运转。在德国博特罗普市，日处理 3500bbl 的 VCC 商业车间最初用于处理重油，90 年代中期由于经济因素改为处理塑料废弃物，90 年代末期整个车间遭到废弃。80 年代末期，在德国博特罗普市一个日处理 150bbl 的半商业化车间内测试了 HDH 工艺。

二、第二阶段

这一阶段开始使用液态均相催化剂。

（1）HDH PLUS。使用均相催化剂的 HDH 工艺最初是在 20 世纪 80 年代早期由委内瑞拉 Pdvsa 研发的[12]。90 年代中期，HDH 工艺开始使用分散均相催化剂，于是工艺名称改为 HDH+，利用该工艺，在委内瑞拉 Caracas 附近 Intevep 实验室的 Pdvsa 的示范车间内，成功将渣油转化率提高至接近 95%（质量分数）。利用取自委内瑞拉重油的减压渣油原料和传统的镍钼基均相催化剂，得到合成原油的含量超过 100%（体积分数）。在 21 世纪早期，正当 Pdvsa 努力将这种工艺商业化时，遭到委内瑞拉政治形势的干扰，也因此决定了这项技术的命运。但是在 2010 年，IFP 宣布将与 Pdvsa 合作共同商业开发 HDH+工艺。

（2）$(HC)_3$。在埃德蒙顿，艾伯塔研究理事会一直在积极开展$(HC)_3$工艺的研究，它使用了一种特殊的微米级催化剂，称为胶状钼基均质催化剂[13]。他们说这种催化剂用于转化沥青质，已成功将渣油和沥青质的转化率提高至 95%（质量分数）以上，生产的合成原油 API 重度超过 35°API。该工艺已在小的试验车间应用过，艾伯塔研究理事会试图将该工艺应用于大规模的半商业化的车间。最后，美国 Headwaters 收购了此项工艺（见下文的"HCAT"）。

（3）Micro-Cat 和 Aurabon。早前，埃克森公司研发了 Micro-Cat 工艺，使用了一种分散性较好的微米级钼基均相催化剂。现在很少有关于该工艺的相关报道。

同一时期内，UOP 研发了 Aurabon 工艺，使用钼基均相催化剂，因未能成功商业化应用，他们最终也放弃了该工艺。

两种工艺最后都没有成功，因此没有必要进一步论述。

（4）Super Oil Cracking（SOC）。该工艺由日本研发，工艺使用钼基液态催化剂和碳基固相载体，将重油在高温高压下转化为石脑油。在经过了小规模的试验后，直接在日本的一个炼厂进行了商业化示范。

（5）CED coprocessing。在艾伯塔的埃德蒙顿市，加拿大能源开发组织

(CED)研发了协同处理工艺,即利用悬浮床工艺技术,同时对艾伯塔沥青和煤炭进行改质[14-16]。与其他悬浮床工艺不同,该工艺利用细粒煤代替惰性碳基添加剂,与原油混合。试验结果表明,将煤和原油混合后产生了一种协同效应,使合成原油总产量高于仅对原油改质时的产量。1992年,经过详细的技术和经济可行性论证,CED向艾伯塔政府提交了一份方案报告,报告中建议在艾伯塔建立一个商业化应用车间,即"Canadian Energy Upgrader",但是,由于当时能源部门经济形势较差,该方案未能实施。

三、第三阶段

此处描述了两种工艺,尽管这两种工艺不太像悬浮床加氢工艺,但是还是有必要对其进行论述,因为它们都是基于加氢处理工艺,并且使用水作为氢气来源。

(1) GenOil Upgrader。在艾伯塔的埃德蒙顿市,GenOil研发了这种加氢处理工艺[17]。该工艺的目的是开发一种油田用的装置,用于在井口实施沥青改质。据试验车间报道,已经利用纯氢气和固定床反应器完成加氢处理工艺,其中氢气是通过电解作用从水中获得。对于将来商业化应用,GenOil计划将移动床和固定床反应器结合在一起,同时还计划将沥青转化为氢气。

(2) Aquaconversion。该工艺与委内瑞拉Intevap的HDH+工艺相似,在均质催化剂下发生蒸汽裂化[18]。开发单位声称,他们利用碱催化剂从水中生产出氢自由基,随后加氢催化(镍基)改质重油。开发此工艺的目的是想将此技术用于油田井口处重油改质,生产出符合管道运输标准的产品。据研发单位称,他们已在委内瑞拉一个商业化车间里试验了该项技术。最近,UOP正在收购该项工艺,但是目前没有这方面任何的消息。

四、第四阶段

此处所述的悬浮床加氢工艺为最近的新工艺,研发者们正将该工艺商业化。

(1) EST。此技术由意大利Eni研发[19]。在过去10年里,他们已成功将该工艺从日处理量0.3bbl的试验车间发展到日处理量1200bbl的示范车间,Eni宣布他们已经开始建设一座日处理量23000bbl的商业化工艺车间,并预计2012年之前在Sannazzaro炼厂完成车间的建设工作[20]。

由于EST工艺独特的性能及其目前的商业化程度,我们对该工艺进行了详细描述。与其他悬浮床加氢工艺不同,EST工艺(图8-22)通过将悬浮床加氢裂化装置和溶剂脱沥青装置整合到一起,使得渣油转化率接近100%。加氢裂化产品通过溶剂脱沥青装置去除沥青,沥青质回收返回至加氢裂化装置内完全消耗掉。脱沥青油经过进一步加氢精制直接生成轻质运输燃料，其间不生成任何重质燃料或沥青。在该工艺过程中，使用传统钼基均相催化剂，并在脱沥青后同沥青质一起回收，整个工艺过程几乎不产生废弃物质。

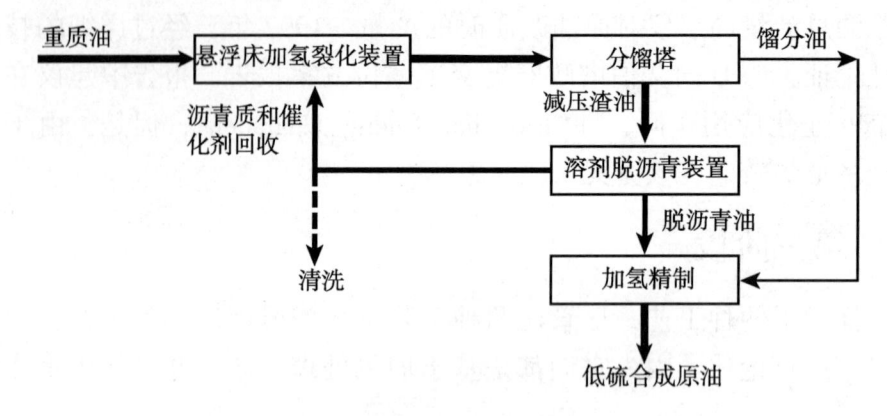

图 8-22　EST 工艺框图

（2）HCAT。HCAT 工艺的母版是 (HC)$_3$ 工艺。美国 Headwaters 收购了此项工艺，并改善了催化剂体系，获得了较好的混合效果和渣油转化率，之后将工艺名称改为 HCAT。与 EST 工艺类似，HCAT 工艺也同时回收渣油和催化剂，转化率超过 95%（质量分数），生产出高质量的轻质合成原油。在最新报道中，Headwaters Heavy Oil 报道称，芬兰 Neste Oil 的 Porvoo 炼厂首次将该工艺商业化应用[21]。Headwaters 正在商业化该工艺并申请专利。

（3）雪佛龙活化悬浮床加氢处理工艺（CASH）/减压渣油悬浮床加氢裂化工艺（VRSH）。根据悬浮床加氢工艺，雪佛龙利用钼基高分散均相催化剂最初开发出 CASH 工艺。在 21 世纪头十年中期，他们进一步改进该技术，用于把渣油转化为轻质运输燃料，并称为 VRSH 工艺，所有的活动都是保密的。但是，据雪佛龙网站报道称，他们已在一些试验车间进行了测试，目前正准备半商业化应用。据说，通过悬浮床加氢裂化工艺，渣油转化率已达到 100%[22,23]。开发这项技术，主要目的是进一步增强它们的加氢处理能力，并能够将重油直接转化为清洁运输燃料。

五、第五阶段

此阶段有两个工艺项目，其开发者已在第一阶段给出过（另请参见图 8-21）。

（1）SRC Uniflex。该工艺是 UOP 研究的最新技术。在分析了 CANMET 工艺的潜力后，UOP 从加拿大自然资源部收购该工艺并获得专利权[24]。为了将重油直接转化为高质量燃料，UOP 通过工艺整合，利用他们自己的加氢精制工艺改进了 CANMET 工艺过程,得到的产品经过分馏并单独在 Unionfining 和 Unioncracking 反应器中加氢精制。UOP 的最终目的是生产出超低含硫的汽油和柴油。

（2）VCC。2002 年,BP 收购了 Veba Oel,并同时获得了 VCC 悬浮床加氢裂化工艺（在前面论述过）。在作者看来,这是 BP 第一次拥有最新的加氢处理工艺。BP 目前正计划改进这一工艺用于加工重油残油,将其转化为洁净运输燃料,并达到欧洲标准。BP 认为改进工艺符合他们的利益需求。

参 考 文 献

[1] Ivanhoe Energy, Bakersfield, CA. Silverman M. HTL—The field and midstream solution of heavy oil. Paper #WHOC11-419, World Heavy Oil Congress, Edmonton, AB, March 14 - 17, 2011.

[2] ETX System Inc., Calgary, AB., Brown, W. Commercialization of the IyQ upgrading technology. Paper #WHOC11-623, World Heavy Oil Congress, Edmonton, AB, March 14 - 17, 2011.

[3] KBR, Houston, TX, I. Rashid. Unlocking current refinery constraints. Petroleum Technology Quarterly, 2008, Q2: 31 - 34.

[4] Zhao S, C. Xu, R. Wang, Z. Xu, X. Sun, K. Chung. Deep separation method and processing system for the separation of heavy oil. US Patent 7,597,794, 2009.

[5] Ancheyta, J., and J. G. Speight. Hydroprocessing of Heavy Oils and Residue. Boca Raton, LA: CRC Press, 2007.

[6] Speight, J. G. The Desulfurization of Heavy Oils and Residue. 2nd ed. New York: Marcel Dekker, 2000.

[7] Gray, M. R. Upgrading Petroleum Residues and Heavy Oils. New York: Marcel Dekker, 1994.

[8] Oballa, M. C., and S. S. Shih. Catalytic Hydroprocessing of Petroleum and Distillates. New York: Marcel Dekker, 1993.

[9] Banerjee, D. K., and K. J. Laidler. CANMET Final Report #42105109. Ottawa, ON, 1985.

[10] Banerjee, D. K., K. J. Laidler, B. N. Nandi, and D. J. Patmore. Kinetic studies of coke formation in heavy crudes. Fuel, 1986, 65: 480 - 485.

[11] Banerjee, D. K., H. Nagaishi, and T. Yoshida. Hydroprocessing of Alberta coal and petroleum residue. Catalysis Today, 1998, 45: pp. 385 - 391.

[12] Solari, B. HDH hydrocracking as an alternative for high conversion of the bottom of the barrel. Paper presented at the NPRA Annual Meeting, San Antonio, TX, 1990.

[13] Cyr T., L. Lewkowicz, L. Ozum, R. Lot, and L. K. Lee. Hydroprocessing Process Involving Colloidal Catalyst Formed In Situ, US Patent # 5, 578, 197, 1996.

[14] Boehm F. G., R. D. Caron, and D. K. Banerjee. Coprocessing Technology Development in

Canada. Energy & Fuels, 1989, 2: pp. 116 – 119.

[15] Weyliw J. R., N. E. Anderson, D. J. Berger, and D. K. Banerjee. Recycling of hydrocarbon waste to produce petrochemical feedstock, Canadian Patent publication #CA 2026840, 1992.

[16] Canadian Energy Development Inc., Coprocessing Process Development Screening Study. Project Report #2835, a proposal submitted to Alberta Government to build a commercial plant in Alberta, 1992.

[17] GenOil Inc. Edmonton AB., J. F. Runyan. GenOil hydroconversion upgrader for heavy high sulfur crude and residue upgrading. Paper presented at the RRTC Conference, Moscow. September, 2006.

[18] Pereira, P. A., R. Marzin, L. Zacarias, J. Cordova, J. Carrazza, and M. Marino. Steam conversion process and catalyst. US Patent 5,885,441,1999.

[19] Montanari, R., M. Marchionna, and N. Pannariti. Process for the conversion of heavy charges such as heavy crude oils and distillation residue. World patent WO 2004056946, 2004.

[20] ENI Slurry Technology (EST). Updated May 2011. Total conversion of the barrel. Conversion of heavy crudes and residues into lighter product, EST project. http://www.eni.com/en _ IT/innovation - technology/technologicalanswers/total - conversion - barrel/total-conversion-barrel.shtml.

[21] Headwaters Bulletin. Issued January 2011. Headwater Inc announces successful commercial implementation of the HCAT heavy oil upgrading technology. http://www.headwaters.com/data/upfiles/pressreleases/1.18.11HCAT Commercial Implementation.pdf.

[22] Chevron, D. C. Kramer. Process to prevent catalyst deactivation in activated slurry processing. US Patent 5,298,152,1994.

[23] Chen, K. and J. Chabot. Process for recycling an active slurry catalyst composition in heavy oil upgrading. U.S. Patent 7,972,499,2011.

[24] UOP, B. Haizmann. UOP SRC UniFlex Process, Oil Sands and Heavy Oil Technologies Conference, Calgary, Alberta. July 15 – 17, 2008.

第九章 改质项目方案和洁净沥青技术的未来

所有商业性改质厂的主要目的都是使其成本、计划和可操作性等目标更加合理，并最终使利润率保持在较高的水平。能源公司必须要考虑其对环境的影响，并要投入一定的费用，用于引进创新性技术。尽管高新技术的引进会带来风险，并且这种风险比引进商业性技术所带来的风险要高得多，但是新兴技术的开发者们有责任将其风险尽可能地降低。某些技术之所以未能取得顺利的进展，是因为开发者们过早地将关注的重点放到了技术完成上面，而往往跳过中间试验或放大试验这些环节——他们用模型和工程取代了可靠的基本实验数据。此外，事实也表明，一些龙头能源公司缺乏对新技术进行调研的冒险精神，对于新技术的实施做得就更少了。

本章重点介绍了不同情况下那些有潜力的洁净沥青改质设计方案。商业化渣油转化技术正是在这些改质工厂中得到应用。这特别适合艾伯塔目前的情况，这里的原位开采和地面改质工艺已经整合在了一起。本章的另一个主题是，通过渣油气化应用，为这些联合工厂制造氢气，提供热能和电力。该工艺借助集成化和热电联产，可以依靠自身的原料来产生电能和热能。与通过外部资源提供电力和蒸汽的方案相比，该工艺使能源的需求总量得以降低。

简而言之，这是一种独立运行的改质项目，不受外部资源的制约。它以一种对环境敏感的方式进行，因此，我们将其命名为洁净沥青技术。批评人士们可能会说，这个提案没有经济意义；但即便如此，其在环保方面的意义仍是毋庸置疑的。该项目并不是通过燃烧清洁燃料来换取污染性更大的燃料。事实上，随着严格的环保法规的实施，再加上像气化、碳捕获和沥青改质等技术在效率方面的不断提高，这个项目已变得更具可行性。此外，虽然目前它可能还不具备经济上的意义，但如果石油价格再次回到2008年的水平（超过130美元/bbl），其在经济方面的意义肯定就会显现出来。仅2008年那一年，仅仅艾伯塔一个省，该行业的耗资就超过了200亿美元。

与沥青和其他化石燃料相比，天然气的氢碳原子比最高，是一种更加清洁的能源。强烈建议，不要通过燃烧最环保的碳氢化合物去生产蒸汽，然后再换取污染性最大的碳氢化合物。天然气用作甲烷蒸汽重整器（SMR）的原料，用于为改质厂生产氢气。沥青管道输送所用的凝析油,其主要生产来源也是天然气。改质和管道输送的成本,对天然气的供应及天然气价格都有着高度的依赖性;而天然气价格又一直是出了名的不稳定。如果沥青在生产、改质和输送几个环节能够避免使用天然气,而且如果我们用天然气作为车用燃料而取代沥青(虽然这个概念在北美并不受欢迎),那么所带来的整体环境效应,一定会比人们现在所用的任何方法都会好许多(见第十一章)。

气化炉使用成本较高,之所以选择使用它而不是燃烧器,主要是因为它有以下几方面的优点:减少温室气体的排放,易于捕获CO_2,提高原油采收率(EOR),生产氢气以及安全处理固体废物。这个建议的最终目标是,将沥青本身最不重要的那部分,作为合成气生产的燃料来源。例如,脱油沥青或减压渣油是沥青处理过程中最难处理的部分,也是改质成本最高的部分。那为什么要对它们进行改质呢?因为去除渣油事实上对于下一步进行的无渣油沥青改质工作是有利的(参见第二章)。使用气化炉的另一个优点是,渣油中的金属将作为玻璃化炉渣排出,便于安全地对其进行处理;而金属以其他任何形式出现,都无法用环保的方式对其进行处理。

在进一步讨论未来的方案之前,有必要介绍一下目前艾伯塔一些改质厂的情况。它们的规模非常大,资本密集,代表着高风险的投资,对环境控制的效率不高,而且还存在着副产品处理方面的问题。

第一节 商业改质工厂当前的情况[1,2]

目前,在艾伯塔北部,主要的改质厂有四家,均与综合采矿项目有关。虽然他们已经在讨论扩建气化炉的提议,但迄今为止,这几家主要改质厂中仍然没有一家配备了气化炉。不过,位于艾伯塔 Long Lake 的一家最新的改质厂(第五家改质厂),配备了气化炉,它也是唯一一家配有该装置的 SAGD 作业项目。

五家改质厂的处理能力合计约为 130×10^4 bbl/d(表 9-1)。

表 9-1 艾伯塔北部的改质厂

改质厂名称	处理能力,bbl/d	改质厂类型
艾伯塔油砂项目(AOSP)	255000	LC-Fining(加氢裂化)
加拿大 Natural Resource, Horizon	135000	延迟焦化
Suncor's Voyageur/Millennium	440000	延迟焦化
Syncrude's Oil Sands[①]	407000	LC-Fining 和流化焦化

续表

改质厂名称	处理能力，bbl/d	改质厂类型
Long Lake	72000	专有的 OrCrude 工艺，加氢裂化和气化炉

① 将一部分减压渣油送入 LC-Fining 装置，然后再将从 LC-Fining 装置出来的热解沥青，连同其余的减压渣油一起送入焦化装置。

表 9-1 中列出的这些改质厂，均配置有常压蒸馏塔和真空蒸馏塔，其减压渣油将送入主改质反应器中处理。主要的改质工艺是焦化、加氢裂化或这两种技术的工艺组合。从改质厂出来的液态产品，经过进一步加氢处理后形成最终产品。

位于艾伯塔南部唯一的改质厂，坐落于该省与萨斯喀彻温省的交界处。这就是 Lloydminster(Husky/Biprovincial)改质厂，处理能力为 $7.2×10^4$bbl/d。该厂应用了沸腾床热油处理技术和延迟焦化技术。热解沥青从热油加氢裂化装置出来后，再送入焦化装置处理。从加氢裂化装置和加氢处理焦化装置出来的液态产物，经混合后成为高品质合成原油。

Long Lake 改质厂是唯一一家将 SAGD 和气化炉整合到一起的改质厂。这家处理能力为 $7.2×10^4$bbl/d 的改质厂，合成原油的预期产量为 $5.8×10^4$bbl/d。其目标是生产 39°API、优质低硫(低于 10μg/g)的合成原油。该改质厂归 OPTI Canada 所有，是与 Nexen 合资的公司；两家母公司均是总部位于卡尔加里的加拿大公司。

如图 9-1 所示，改质厂有一套专有的 OrCrude 工艺。该工艺将商用 Shell 气化炉和 Chevron Lummus Global 固定床加氢裂化装置结合在一起。OrCrude 工艺由蒸馏装置、SDA 装置和热裂解装置组成。目前，该套工艺技术完全保密。

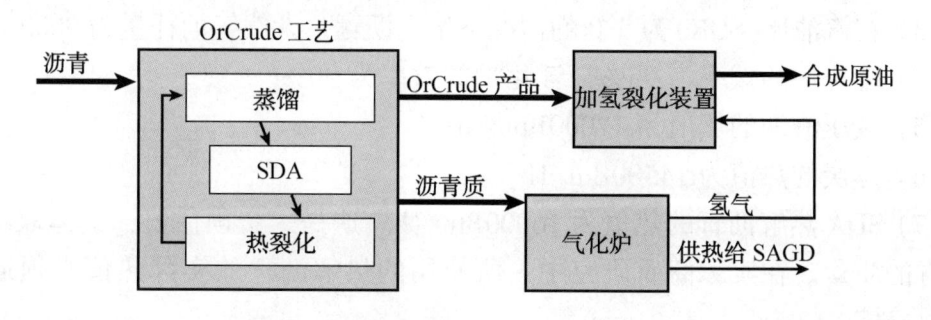

图 9-1 由 OPTI/Nexen 持有的 Long Lake 改质厂 OrCrude 工艺流程图

从 OrCrude 工艺出来的、经过部分改质的液态产物，被引入加氢裂化装置。气化装置用于将来自 SDA 设备的沥青质改质为合成气。部分合成气会送入加氢裂化装置中，用于生产氢气；另一部分合成气则用于给水加热，产生蒸汽，提供给 SAGD 工艺。该工艺在一定程度上减少了对天然气的需求量。2011 年 7 月，中国海洋石油总公司提出收购 OPTI Canada 的部分股份。

第二节　洁净沥青改质厂

这里所说的未来方法，重点关注的是那些规模相对较小、在现场进行处理的改质厂。这些改质厂，其运行条件较为宽松，只进行浅度加工改质。所生产出的管道输送产品，在管道温度下 API 重度不低于 19°API，最大黏度为 350cSt。这些洁净沥青备选方案，其在经济上的影响将很大程度上取决于生产商生产出来的最终混合产品的价格。后面将对这些备选方案逐一进行讨论。尽管这些方案在实施过程中仍面临不小的挑战，但重要的一点是，通过这些备选方案的实施，可以完全解决其对以下几个因素的依赖问题：

(1) 现场生产所用蒸汽要使用天然气。
(2) 生产氢气(利用 SMR)要使用天然气。
(3) 需要购买稀释剂，用于输送沥青。

此外，这些洁净沥青备选方案，将通过对 CO_2 的捕获来消除温室气体的排放，同时减少有毒气体(NO_x/SO_x)的排放。

有关这些改质装置方案的计算基于如下假定：

(1) 原始沥青生产量为 $10×10^4$bbl/d(为便于计算，仅以此为例；根据现场的具体情况，实际改质厂的规模可能要比这一产量小得多)，沥青 API 重度为 8°API，含硫量为 5.0%(质量分数)(这是艾伯塔沥青的平均 API 重度和含硫量)。

(2) 天然气的热值为 950Btu/ft^3。

(3) 在汽油比(SOR)为 3.0 的情况下生产沥青，天然气消耗量为 900ft^3/bbl。

(4) 燃烧炉的效率为 95%，气化炉的效率为 90%。

(5) 减压渣油的热值为 17000Btu/1b。

(6) 焦炭的热值为 14500Btu/1b。

(7) SDA 热解沥青的热值为 16000Btu/1b。这是一个预估值，具体取决于热解沥青的质量。在实际商业研究中，所使用的热解沥青的实际热值必须通过实验加以确定。

(8) 燃气热值。虽然燃料气体的热值取决于气体组成，但为简便起见(考虑到天然气和燃料气体中的主要组分是甲烷)，这里假设热值接近。在实际的可行性研究中，燃料气体的组分需要通过气相色谱分析，通过实验数据确定，然后计算确切的热值。

(9) 本研究中不考虑捕获 CO_2 所需的能量，因为该值将取决于项目的具体情况。

(10) 由于 SDA 脱油沥青的焦化数据取决于脱油沥青的质量，因此目前没有这方面的数据。为了简便起见，这里认为脱油沥青的焦化与减压渣油表现类似。再次强调一下，对于一项实际的可行性研究而言，实际的实验数据是必不可少的。

(11) 氢气是由沥青或其副产品经气化后制得的。由此制造的合成气（$CO+H_2$的混合物）通过水气变换（WGS）反应，转化为氢气（详见"氢气生产和气化"部分）。

下面讨论中的大部分结果，是在本书出版前可商购的数据的基础上，通过数学计算获得的。为了简便起见，文中使用近似（即四舍五入）数字。（对于严格的财务分析而言，大家可根据特定项目的实际原料，使用相应实验数据进行计算。）

一、基础方案

在基础方案中，不对沥青进行改质；天然气用作燃料生产蒸汽，然后供SAGD使用；外购的稀释剂用于 DilBit 输送。自艾伯塔开始使用 SAGD 技术进行原位开采以来，为大家所广泛使用的沥青生产的基本方案如图 9-2 所示。沥青生产量为 $10×10^4 bbl/d$ 时，必须将 3 倍的（即 $30×10^4 bbl/d$）的水当量转化为蒸汽注入油藏。生产蒸汽每天需要消耗天然气 $9200×10^4 ft^3$。由天然气燃烧产生的 CO_2 是在低压燃烧炉中完成的，因此不易捕获。沥青脱水后，对脱出的水进行净化，循环回锅炉重新利用。

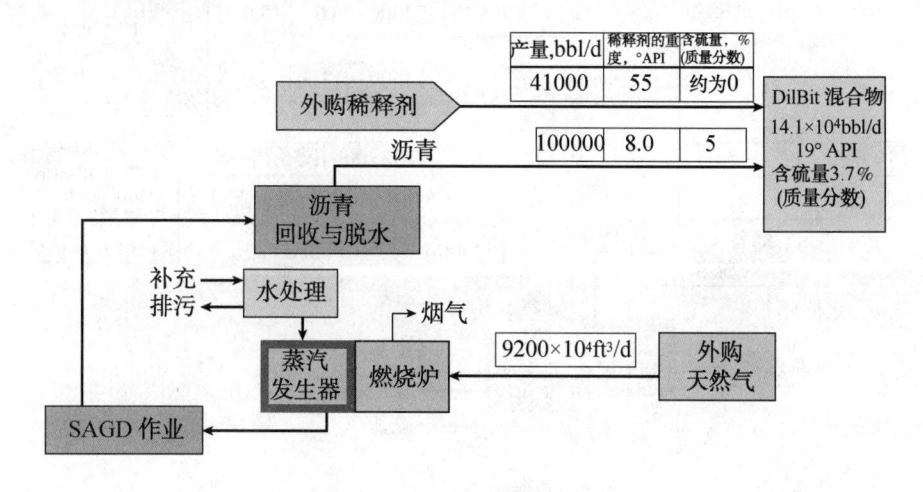

图 9-2 基本方案框图

沥青随后与 55°API 的稀释剂混合，以满足所要求的管道温度下 19°API、最大黏度 350cSt 的管道规范。对于平均 API 重度为 8.0°API 的典型艾伯塔沥青，生产者还需要额外购买稀释剂 $4.1×10^4$bbl/d，以满足管道规范的要求。然后将 DilBit 混合物以 $14.1×10^4$bbl/d[S 含量为 3.7%（质量分数）]的外输量输送并出售给炼厂。有些炼厂不喜欢用凝析油，所以他们会再将其回输给生产商，而这又需要通过回输管道进行回输，这无疑增加了输送成本。

二、方案1：真空自蒸发装置

在这种情况下，使用真空自蒸发装置进行部分改质；与此同时，减压渣油用于气化炉，购置稀释剂用于 DilBit 输送。为 SAGD 生产蒸汽所燃烧的天然气，完全由减压渣油替代。由于该方案中的沥青并没有进行真正意义上的改质，因此输送时仍然需要购买稀释剂。由于几乎一半的沥青是由优质 VGO 组成，因此可通过真空闪蒸（一种成本较低的原油减压蒸馏装置）进行处理，再将处理后质量较差的减压渣油用作气化炉燃料。

如图 9-3 所示，$1.45×10^4$bbl/d 的减压渣油，用气化后所产生的能量制得的蒸汽量，足以满足生产 $10×10^4$bbl/d 沥青的需求。在真空自蒸发装置中，对 $2.8×10^4$bbl/d 沥青进行处理，产出渣油。剩余的 $7.2×10^4$bbl 沥青则通过旁路与生产出的 VGO 混合，混合后可获得 8.8°API、含硫量为 4.7%（质量分数）的混合物 $8.55×10^4$bbl/d。因此，混合物仍需要稀释剂才能满足管道输送要求。因此，生产商仍然不得不额外使用 $3.2×10^4$bbl/d 稀释剂，用以将混合物输送并出售给炼厂。这样，生产商不仅要承担这些稀释剂的成本，而且还会受到稀释剂供应商产品供应情况的影响。

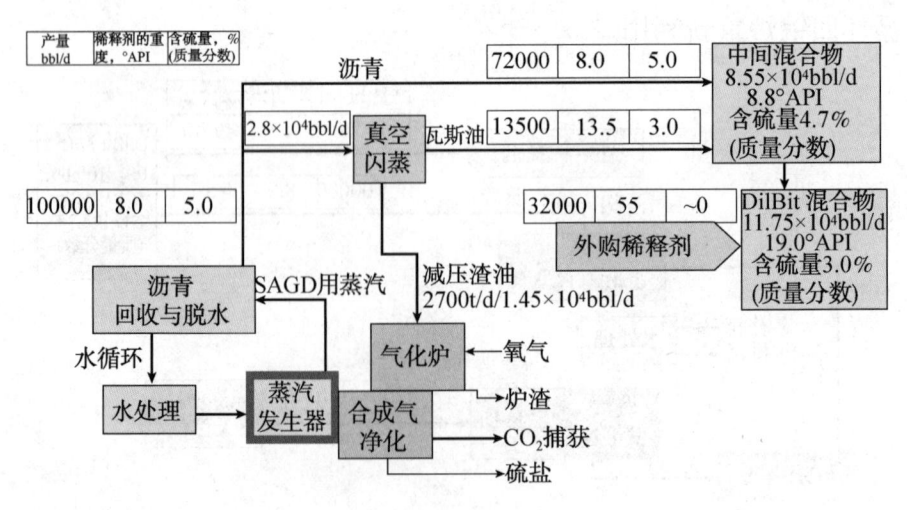

图 9-3 方案 1 框图

由于减压渣油经过了气化处理，因此不会产生有毒气体；CO_2 可以捕获，并可将其储存于地下或用于提高原油的采收率。固态废物则以净化渣的形式从气化炉中出来，易于处理。

三、方案2：延迟焦化装置

方案2的建议是，对部分沥青进行充分改质，并根据管线输送需求生产足量的合成原油，从而消除了方案1对稀释剂的需求。根据该方案，使用延迟焦化装置作为主要的改质装置。同时，焦炭用于气化炉，合成气用于制氢，焦化油作为稀释剂(图9-4)。延迟焦化装置生产出的焦炭，足以满足气化炉的原料需求。另外，生产出足量的加氢处理焦化油作为合成原油，避免了因输送沥青而产生的对稀释剂的采购需求。

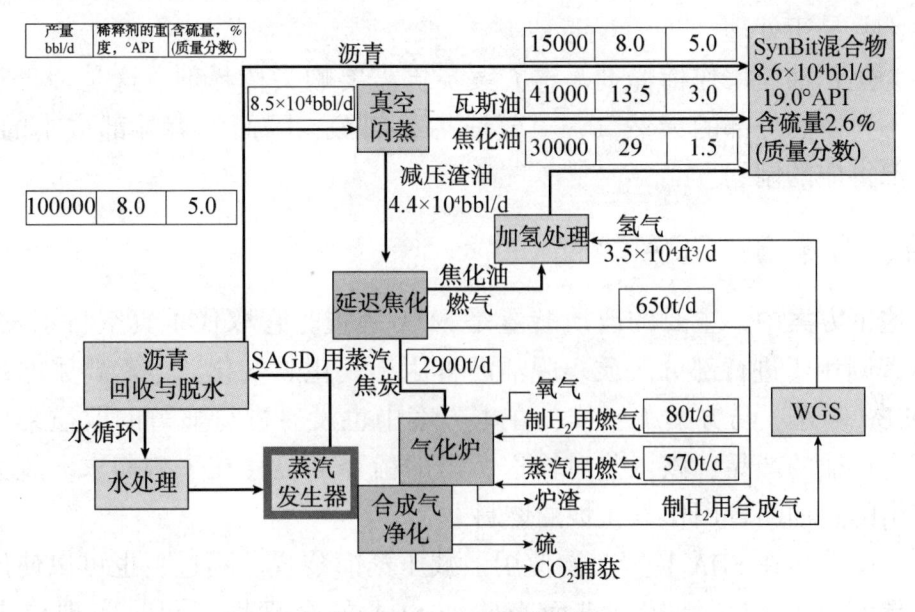

图9-4 方案2框图

如果用焦炭替代天然气，则需要3400t/d的焦炭方可满足燃料需求。然而，在该方案中，延迟焦化装置会附加产生C_1—C_4碳氢化合物，这些碳氢化合物可以用作气化炉的燃料。混合前对焦化油进行加氢处理，使产品稳定。加氢处理装置所用的氢气来自气化炉中产生的合成气。不仅可以用合成气来取代天然气，而且不再需要SMR装置。部分合成气引入WGS反应器，通过该反应器制出氢气。其他合成气则在燃烧炉中燃烧，生产蒸汽。

为了生产$4.4×10^4$bbl/d减压渣油(用作焦化装置的原料)，需要用真空自蒸发装置对$8.5×10^4$bbl/d的沥青进行处理。这一处理工艺也同时产生了$4.1×10^4$bbl/d、13.5°API的VGO，可以用于混合。

延迟焦化装置产生$3.0×10^4$bbl/d、29°API的焦化油，其含硫量为1.5% (质量分数)。需要消耗$3.5×10^6$ft³/d氢气对焦化油进行加氢处理，对产物进行稳定。焦化油与VGO以及1.5×10^4bbl/d经过旁路的、未经处理的沥青混合。混合后得到19°API、含硫量为2.6%(质量分数)的SynBit 8.6×10^4bbl/d，直接出售给炼厂。

延迟焦化装置还生产焦炭2900t/d以及燃料气650t/d，两者均用作气化炉的原料。为了产生足量的合成气来满足加氢处理装置所需的氢气，需要将80t/d的燃料气体送入气化炉进行气化。此外，利用SAGD技术生产沥青所需的蒸汽，还需要额外提供570t/d燃料气体。在本方案中，没有剩余任何焦炭成为废物。与焦炭燃烧的情况一样，焦炭的气化也不会产生任何有毒气体的排放，并且可以捕获CO_2，进行储存或用于提高采收率。固态废物则以净化渣的形式从气化炉中出来，易于处理。

因为焦化油被用作稀释剂，本方案不再需要购买稀释剂。这是一套独立的工艺，不再需要外部的天然气、氢气或稀释剂等，因而没有外部成本的产生，不受外部供应的制约。

四、方案3：SDA装置

在这个方案中，主要的改质装置是SDA装置。它取代了真空自蒸发装置；SDA装置则用于进行部分改质。脱油沥青用于气化炉气化，但需要采购稀释剂进行DilBit输送。与方案1一样，在本方案中也没有进行显著的改质来生产可通过管道运输的产品；该工艺对输送所需的稀释剂仍存在采购需求。脱沥青工艺所产出的脱油沥青用作气化炉的燃料。

有一些公司在SDA装置上游使用了减压蒸馏装置。不过，也可以使用常压蒸馏装置来代替减压装置，进而来验证SDA的合理性，同时实现成本的最小化。

图9-5显示了该方案的典型配置情况。在该方案中，假定在典型的商用SDA装置中使用常压渣油作为原料，用C_4作为溶剂。这套常压蒸馏装置可处理4.4×10^4bbl/d的沥青，产出常压渣油3.75×10^4bbl/d，产出25°API[S含量为2.3%(质量分数)]的AGO 6500bbl/d。剩余的5.6×10^4bbl/d的沥青通过旁路流程，用于混合。

SDA装置的脱油沥青产量为2800t/d，16.0°API、含硫量为3.5%(质量分数)的DAO 2.35×10^4bbl/d。所有的脱油沥青都全部实现气化，产生的合成气用于蒸汽锅炉。

旁路沥青、AGO和DAO混合，形成8.7×10^4bbl/d的中间混合物产品。该混合物的API重度为12.0°API，含硫量为4.5%(质量分数)。这样，生产商需要额外购买2.2×10^4bbl/d稀释剂，用以在满足管道输送规范的情况下将其出售

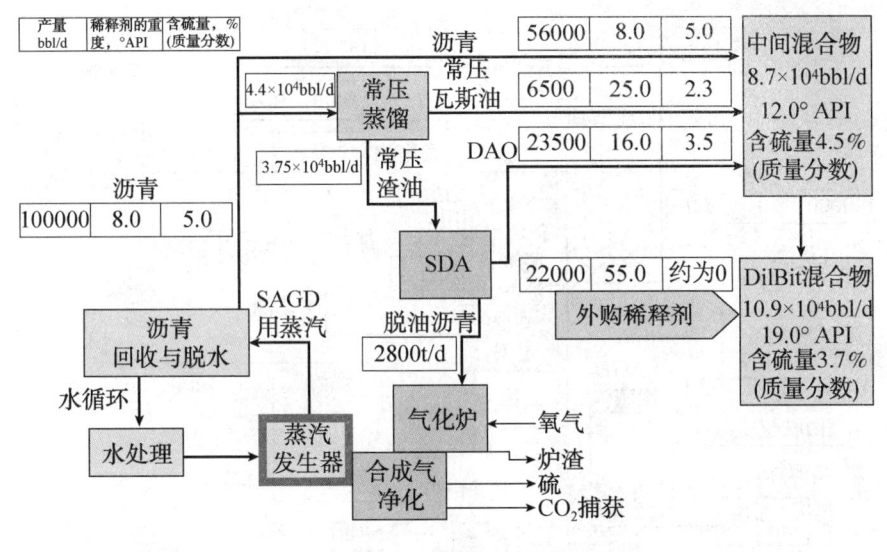

图 9-5 方案 3 框图

给炼厂。DilBit 混合物产量为 10.9×10⁴bbl/d，产品的 API 重度为 19°API，含硫量为 3.7%（质量分数）。

五、方案 4：SDA 和延迟焦化装置

根据方案 4，在 SDA 改质厂中无须使用稀释剂。该方案在上一方案的基础上，在其改质工艺方案中增加了延迟焦化装置，同时焦炭用于气化炉，燃料气用于 SMR，最终产品为合成原油。SDA 装置出来的脱油沥青直接引入焦化装置，生产焦炭和焦化油。焦炭和焦化装置出来的燃料气一起气化，气化产生的热能用于 SAGD；加氢处理焦化油用作稀释剂。部分燃料气体通过 SMR 反应器转化为氢气，供加氢处理装置使用。这里有一种替代性方案：可以先将燃料气体气化为合成气，然后再在 WGS 反应器中将其转化为氢气，像在方案 2 中那样。最终如何决定，要取决于具体项目的经济状况。

如图 9-6 所示，将 10×10⁴bbl/d 沥青全部通过常压蒸馏装置进行处理，AGO 产量为 1.45×10⁴bbl/d，常压渣油产量为 8.55×10⁴bbl/d。其中，8.35×10⁴bbl/d 的渣油通过 SDA 装置进行处理，余下的 2000bbl/d 则被转入气化炉，用以实现热平衡来产生蒸汽。

SDA 设备的 DAO 产量为 5.2×10⁴bbl/d，沥青产量为 6400t/d。接着，沥青在延迟焦化设备中焦化。沥青转化焦炭的量为 2400t/d，转化为加氢处理焦化油 [29°API，含硫量为 1.5%（质量分数）] 的量为 2.15×10⁴bbl/d。目前还没有这一特定沥青的焦化实验数据可供使用，为了简便起见，这里姑且认为焦化反应与减压渣油的反应类似。但是，请大家注意，在实际的经济分析时，仍然需要该

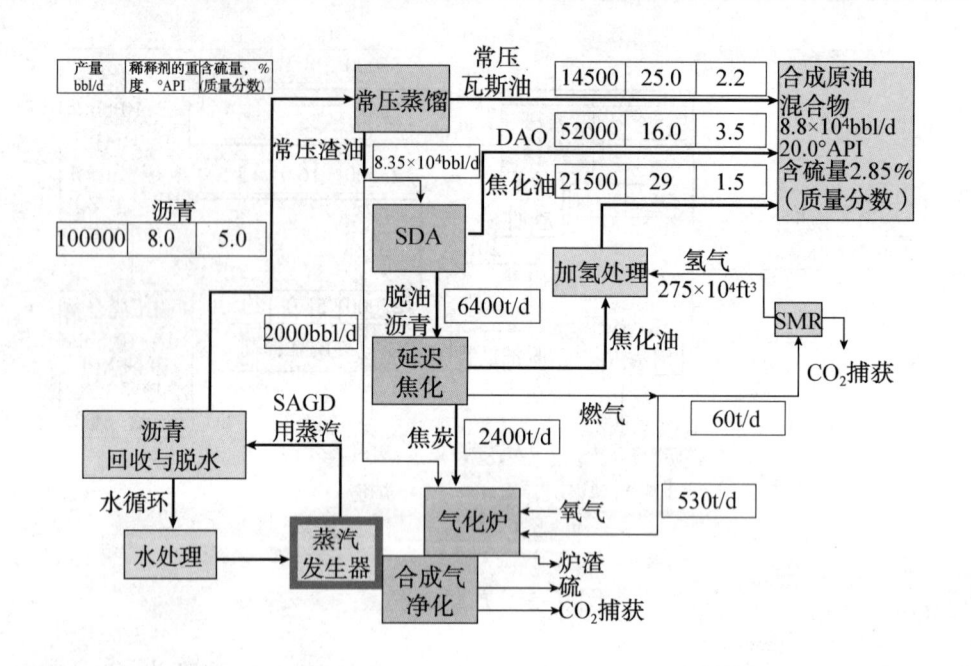

图 9-6 方案 4 框图

特定脱油沥青焦化的实验数据。

此外，焦化装置还生产 C_1—C_4 的燃料气体 590t/d。在 SMR 装置中，一部分净化燃料气取代了天然气，用以生产氢气。要满足加氢处理装置在混合前稳定焦化油的要求，需要 60t/d 的燃料气体来产生 $275×10^4 ft^3/d$ 的氢气。要获得沥青生产所用的足量蒸汽，需要将 2400t/d 的焦炭全部气化，还需要 2000bbl/d 旁路常压渣油以及剩余的 530t/d 燃料气体。通过这种方式生产出的焦化油，将其中 $2.15×10^4$bbl/d 的焦化油量与 $5.2×10^4$bbl/d 的 DAO 和 $1.45×10^4$bbl/d 的 AGO 混合，得到 $8.8×10^4$bbl/d、20.0°API 的合成原油混合物[含硫量为 2.85%（质量分数）]。该合成原油在市场上出售，因为混合物中不存在未经处理的沥青或渣油，因此不含任何渣油。

六、方案 5：加氢裂化装置

在最后这套方案中，用加氢裂化装置进行改质。热解沥青和渣油作为气化炉的燃料，用合成气制氢。该方案的最终产品为 SynBit。方案 5 展示了一个实例：利用浆态反应器，在单级反应器系统中，按 93%（质量分数）的渣油转化率对重油进行加氢处理。该设计方案无须使用外部天然气或稀释剂。加氢裂化装置所用的氢气通过其本身的产品（C_1—C_4 碳氢化合物气体和加氢裂化的热解沥青）生产出来。

图 9-7 显示了方案 5 的情况。$10×10^4$bbl/d 的沥青中，有 $9.5×10^4$bbl/d 通

过真空自蒸发装置处理,作为热解沥青燃料,用于产生SAGD技术所需的蒸汽;同时生产氢气。一部分渣油(3.75×10^4bbl/d)作为原料转入加氢裂化装置,剩下的1.15×10^4bbl/d则送入气化炉。

加氢裂化装置的合成原油产量为3.9×10^4bbl/d,含硫量为1.2%(质量分数),32°API。随后对合成原油做进一步加氢处理,以提高产品的稳定性。整个工艺的氢气消耗总量约为4300×10^4ft^3,催化剂消耗量预计为$2\sim3$t/d。加氢裂化装置额外还产生热解沥青750t/d、燃料气590t/d。要满足加氢裂化装置每日的氢气需求量,须对部分热解沥青(340t/d)和所有燃料气进行气化处理,并将等效的合成气通过WGS反应器进行处理。

旁路的渣油(1.15×10^4bbl/d)和剩余热解沥青(410t/d)也被送入气化炉,以满足蒸汽生产所需的热平衡。选择浆态反应器和气化炉相结合的方式,其主要优点是可以将进料和催化剂中所含的金属保留在热解沥青中。这样有助于玻璃化炉渣的形成,有助于根据环保法规对其进行处理。

加氢裂化装置出来的合成原油,与4.6×10^4bbl/d的减压柴油以及5000bbl/d旁路的未经处理的沥青混合,生产出21°API、含硫量为2.4%(质量分数)的SynBit 9×10^4bbl/d,作为最终产品出售给炼厂。最终的SynBit的API重度高于管道规范所要求的19°API;因此,生产商可以针对SynBit索取高价,或在可行的情况下通过购买的方法混入更多的沥青。

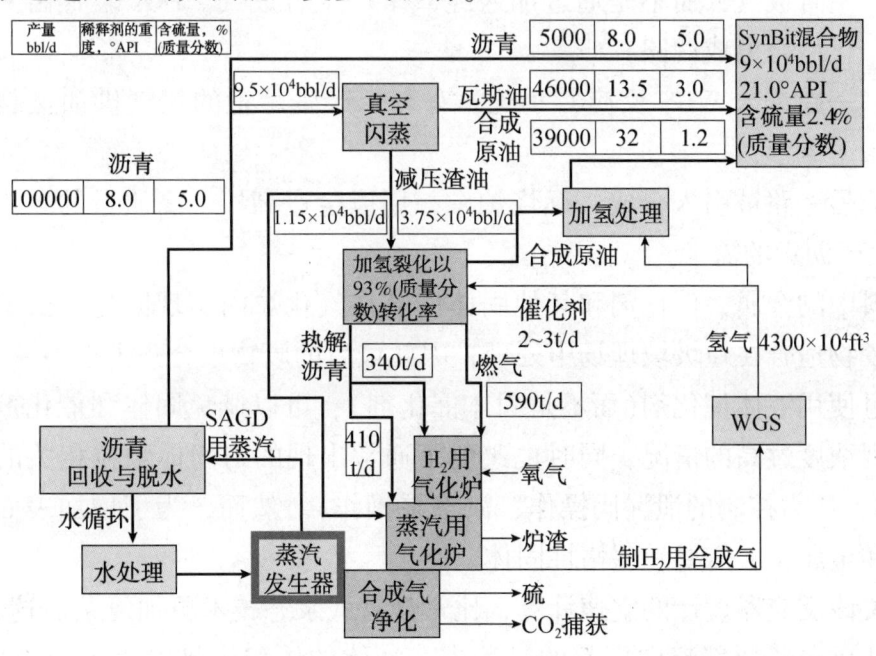

图9-7 方案5框图

第三节 Black Diamond 工艺

Black Diamond 工艺是一种新的改质设计原理，将两级处理工艺融为一体。作者有两项美国专利授权，这一原理就是基于这两项专利的修改版本[3,4]。

如图 9-8 所示，改质装置的顶部为加氢裂化装置，加氢裂化装置在底部直接与 POx(部分氧化)装置集成到一起。加氢裂化装置顶部 1/3 处于气相，底部 2/3 处于液相，并通过液位检测器控制。沥青原料在液相的顶部加入。与其他改质装置的设计不同，在该装置中，沥青无须分馏，便可直接投料给加氢裂化装置。因此，这一工艺设计不需要任何外部真空闪蒸或蒸馏装置，从而省掉了这些方面的设备和资本成本。催化剂和新鲜氢气从加氢裂化装置的底部加入。随着进料在重力作用下不断地向下流动，里面的原料不断变重，并实现加氢裂化。裂化后产生的轻质碳氢化合物在形成以后，闪蒸出来并从顶部排出。借助于底部加入的高温氢气的向上流动，催化剂循环和气相闪蒸作用得以增强。

沥青经加氢裂化装置处理后，热解沥青从底部出来，并通过由压力控制的下泄阀系统直接进入 POx 装置。这样做的目的是让加氢裂化装置所产生的热量进入 POx 装置，进而实现能耗的最小化。高温热解沥青通过催化蒸汽气化法直接气化产生合成气，而不是通过加入纯氧来产生合成气。POx 装置出来的合成气，经净化后再分成两路：

(1) 一路进入 WGS 反应器系统，有利于产生足量的氢气供加氢裂化装置使用。

(2) 另一路被引入合成气燃烧炉中，用以生产高压、高质量的蒸汽，满足 SAGD 生产沥青的需求。

进料中的金属、催化剂和其他固体能够在气化炉内实现固化。由于固化后的固体废物适合在垃圾填埋场中处理，因此最后的废物量会减少很多。

通过使用液体催化剂(而不是固体催化剂)，可以避免固体和催化剂在反应器内出现浓度过高的情况，同时也避免了通常出现的与固体颗粒相关的操作问题(例如，压力控制的泄漏阀操作、淤浆泵操作)。然而，为了增加表面积来吸附焦炭和金属，会需要一些惰性固体。

有关该反应器设计的空速计算，比常规管式浆态技术更加复杂。这是因为，进料在从反应器顶部流向底部的过程中，液体的体积流量发生了显著的变化。由于进料是沥青而不是减压渣油，因此反应器顶部进料的体积流速比反应器中

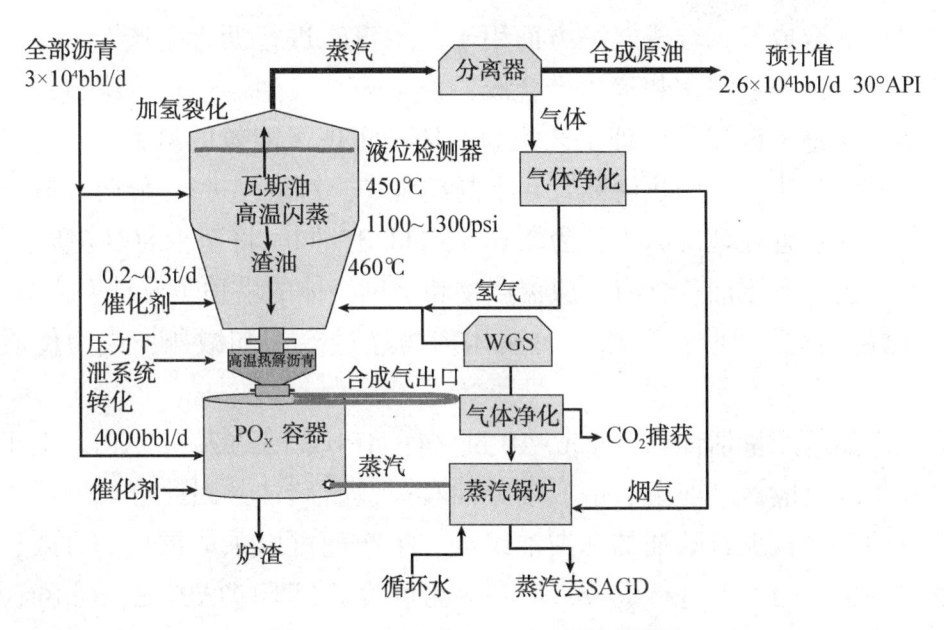

图 9-8 Black Diamond 工艺流程图

部的减压渣油高出约 2.5 倍。此外，AGO、VGO 和加氢裂化产物，在反应器的上部闪蒸并由顶部排出，因此向下的液体体积流量不断下降。流量下降快慢与液相中剩余馏分的减小存在着比例关系。当渣油转化率为 80%（质量分数）时，从反应器底部进入 POx 装置的流量仅为顶部进料沥青总量的 10%（质量分数）。如图 9-8 所示，加氢裂化装置顶部与其底部相比，顶部尺寸较大。底部与 POx 装置相连。这个稍大的反应器可以看成是摒弃预处理真空蒸馏塔的原因。

顶部加氢裂化装置在变温条件下运行。装置内温度由上向下逐渐增高，反应器底部约 460℃；温度向上不断降低，顶部温度降到 440℃。氢分压在底部较高，顶部较低。该系统的总压力为 1100~1300psi，远低于相应的商业加氢裂化设备。

与 LC-Fining 或其他管状浆态反应器不同，这些装置里面所有的液体和蒸汽流体都从反应器的顶部流出；而在目前的设计中，由于在顶部配置了一个液位控制器，因此只有蒸汽可以从反应器顶部流出。这也意味着，所有的加氢裂化产物在离开反应器之前，必须进行闪蒸。渣油通过重力向下流动，接触温度越来越高，其中投入时间较短的催化剂和较高的氢分压加速了由残渣到轻质产物的转化过程。未反应的渣油或热解沥青，则通过压力控制的下泄阀系统，从加氢裂化装置的底部定期地转移到 POx 装置。

如图 9-8 所示，商业设备的设计处理量，适用于处理 3×10^4bbl/d 的井口沥青产量。一部分沥青（约 4000bbl/d）导入 POx 装置，用以匹配热平衡，从而可以产生足够的合成气。合成气一方面用于产生蒸汽进行沥青生产，另一方面用于制造氢气，供加氢裂化装置生产合成原油。蒸汽发生器还接收来自加氢裂化装置的烟气。整个设计将处理工艺集为一体，实现了能效的最大化——对热解沥青实现蒸汽气化，利用热解沥青和水制造氢气，对氢气进行循环再利用。

加氢裂化装置处理的沥青量为 2.6×10^4 bbl/d，同时将至少 80%（质量分数）的渣油转化为合成原油。含有反应器产物和富氢气体的塔顶蒸汽被引入分离器，富氢气体经分离后回收；分离后的液体产物经过冷却和减压，成为优质合成原油。

合成产品的产量估计约为 2.6×10^4 bbl/d，API 重度约为 30°API。由于大部分渣油在离开反应器之前会裂解成馏分油和一些石脑油，因此合成原油主要由中间馏分油和含较少石脑油的瓦斯油组成。生产商可以采取灵活的方式，既可以通过购买更多的沥青进行混合，使其成为可输送（即 19°API）的 SynBit，也可以按高价将 30°API 的合成原油出售给炼厂。

加氢裂化装置底部出来的热解沥青，在 POx 装置中在蒸汽条件（而不是氧气条件）下完成气化，降低成本。在合适的催化条件下，它与蒸汽重整器类似。对于生产氢气和提供热能（用于生产 SAGD 蒸汽）这两个方面所需的合成气的均衡问题，则可以根据实际需要，通过额外对未经处理的沥青（4000bbl/d）进行气化来实现。含有 CO_2 和其他酸性气体的气流被洗涤和去除，并捕获在吸收器中，可随后用于为地下局部衰竭性油气藏提供能量补充。

第四节　洁净煤沥青工艺

本节的目的是向读者介绍洁净煤沥青工艺的概念及其可用性，洁净煤沥青工艺也就是对煤和重油同时改质。这个工艺是将洁净煤、洁净沥青技术与气化炉融合在一起，以减少排放并捕获 CO_2。对于煤炭资源丰富，且又高度依赖进口石油的国家而言，这是特别有价值的。通过将两种低价值原料（即煤和重油）转化为运输燃料，使该技术具有很高的经济效益。此外，由于原料成本的优势，在原油价格很高（大于 100 美元/bbl）时，其经济性将会更好；在一些国家，所用的煤炭价值仅相当于进口原油的一小部分。

煤油共炼其实并不是一个新概念。早在 20 世纪 80 年代后期，新泽西州的 HRI（现在由 Axens/IFP 拥有）和 Ottawa 的 CANMET 就已经在开发这种工艺。这种工艺在煤液化和重油改质方面都有如下的重要改进：

(1) 在煤液化方面，煤制再生油用重油替代。

(2) 在重油改质方面，通过协同效应将相对低廉的煤炭原料（即价值小于沥青）转化为额外的合成原油。

在作者及其同事所做研究的基础上绘出的商业洁净煤沥青装置框图[5,6]如图9-9所示。在该方案中，未经处理的艾伯塔沥青 $3×10^4$ bbl/d 通过真空蒸馏，获得 VGO 和渣油的产量分别为 $1.4×10^4$ bbl/d 和 $1.6×10^4$ bbl/d。在选煤区，将 2200t/d 的矿山次烟煤粉碎、干燥。艾伯塔的次烟煤含水分 20%~23%，灰分为 10%~15%；这便提供了可以转化成液态的有机物质，数量上等效于约 1500t/d 的干燥无灰基煤。随后将粉碎的煤与减压渣油在浆料罐中混合，再将浆液泵送到高压管状浆态反应器中。煤油共炼反应器在 450~470℃ 和 15~20MPa 氢气压力下运行。

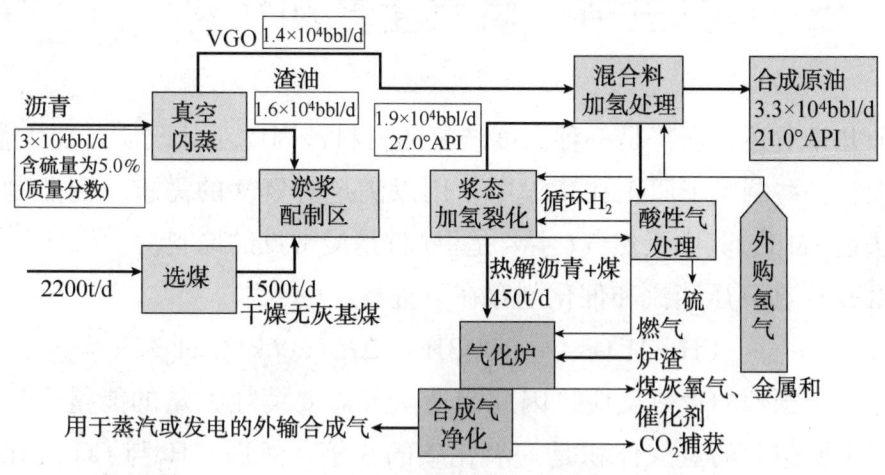

图 9-9　洁净煤沥青工艺框图

基于原料中的渣油和煤的含量，在工作条件下，有机煤加渣油的总转化率超过 85%~90%（质量分数）。氢气总消耗量为有机原料的 2.5%~2.8%（质量分数）。

将反应器产物分离成气体、热解沥青以及未反应煤、合成原油。煤油共炼产生 $1.9×10^4$ bbl/d、27°API、不含渣油的合成原油。再将合成原油转入混合进料加氢处理装置，进一步除去硫和氮。煤的含氮量通常要比重油高。因此，合成原油需要严格的加氢处理以除去其中的氮。煤油共炼的液体，通常石脑油含量较多[35%~40%（体积分数）]，而馏分油[30%~35%（体积分数）]和瓦斯油[25%~30%（体积分数）]的含量较少。

从真空自蒸发装置出来的直馏 VGO，也被引入加氢处理装置。在这里，直馏 VGO 与合成原油混合，生产出 $3.3×10^4$ bbl/d、21°API 的混合液态成品，然后出售给炼厂。

回收的加氢裂化装置底部残留物(450t/d)由未反应的渣油、未转化的煤和灰分组成。对底部流体进行气化以产生热能，一方面用于生产蒸汽供给 SAGD，另一方面可用来为改质装置提供电力。从气化炉出来的所有 CO_2 排放物，都可以很容易地捕获并储存到地下。原始计算中并没有包括氢气生产量和总热平衡，因此需要购买额外的燃料和氢气。

所有金属，包括来自煤中的灰分、来自重油的金属以及来自催化剂中的金属，都形成玻璃化的炉渣。这种炉渣从气化炉排出来，是一种无毒的固体，可以通过环保的方式进行处理或掩埋。

第五节 氢气生产和气化

如前几章所述，沥青是一种高度缺氢的材料，因此对其改质需要大量氢气。在加拿大，一些制氢工厂正在建设中，用以满足对氢气的需求。商业制氢最常用的方法是 SMR，其中天然气(主要是甲烷)是最常见的原料。

SMR 反应在高压蒸汽和催化剂存在下进行：

$$CH_4 + H_2O \rightleftharpoons CO + 3H_2 \quad \Delta H = 206 kJ/mol \quad (9-1)$$

这是一个剧烈的吸热反应，因此制造氢气需要消耗大量的能量。这样产生的合成气中所包含的氢气体积是一氧化碳的 3 倍。然而，H_2 与 CO 之比，则随碳氢化合物原料分子结构的变化而变化。

由此产生的 CO 在 CO 变换反应器(WGS)中进一步转化为氢气，见式(9-3)。

时下，由于氢气需求旺盛，炼厂和改质厂正在寻找替代技术。低价值副产品(例如，焦炭、热解沥青、减压渣油和气态碳氢化合物)的气化，为本章前面讨论的改质方案提供了最合适的原料。气化技术目前还没有广泛应用于氢气生产上，这只是因为其资金和运营成本比较高。然而，考虑到环境问题以及广泛存在的低价值原料，气化仍然不失为一种极为有利的技术。

与 SMR 不同，气化基于碳或碳氢化合物的部分氧化，因此是放热反应，见式(9-2)：

$$CH_4 + 1/2 O_2 \rightleftharpoons CO + 2H_2 \quad \Delta H = -520 kJ/mol \quad (9-2)$$

在式(9-2)中，产生的热量用于第二步——中度放热反应(WGS 反应)。在有蒸汽存在的情况下，CO 被继续转化为氢气和 CO_2，见式(9-3)：

$$CO+H_2O \rightleftharpoons CO_2+H_2 \quad \Delta H = -41 kJ/mol \tag{9-3}$$

在理论上，两个反应步骤[式(9-2)和式(9-3)]相组合，每体积单位的甲烷产生3个体积单位的氢气；而实际上，实际产量取决于两个反应步骤的效率和原料的类型。

两种最常用的商业气化炉是Texaco工艺(现在归GE所有)和Shell工艺。两种工艺均主要用于诸如煤、石油焦之类的低价值碳质原料的转化，部分氧化为合成气。气化炉在非常高的温度(1100~1500℃)和高压(500~1200psig)下工作。较高的压力有利于氢气的回收和CO_2的捕获。来自气化炉的高温合成气被冷却、净化(即硫回收)，并转化成石油化学品和氢气。高温合成气用水进行冷却，废热用于蒸汽生产。气化炉产生的炉渣为惰性材料，便于处理，没有环境问题。

全球对碳捕获与储存(CCS)都有着非常浓厚的兴趣。有一些技术可用于CCS；然而，实施这些措施需要政治和环境两方面来施加压力。正如前面所述，在新的改质项目中，CSS可以作为改质设施的一部分，与气化技术一起应用。在压力下浓缩的CO_2可以通过化学方法或物理方法与合成气实现分离。捕获的CO_2可以进一步压缩，并泵入地下，用于提高采收率(EOR)和封存。这可以通过增加生产和税收优惠，为生产者提供额外的经济优势。

气化技术中最昂贵的运行成本来自深冷空气分离装置，以及进一步处理前合成气中酸性气体的去除。为了生产高纯度氢气，优选装置是变压吸附(PSA)装置，当然也可以使用其他技术(例如，薄膜分离或深度冷冻)。这取决于对氢气纯度和氢气回收的需要。

重要的是，气化不仅有利于氢气生产，而且还有利于通过合成气将诸如煤、渣油或沥青之类的重质碳质原料，转化成清洁的液态碳氢化合物。合成气转化为液态碳氢化合物，是通过非常古老的工艺(于20世纪20年代初期开发)实现的。该工艺以其大名鼎鼎的开发商命名，称为费托合成。这些转化的主要产物是一系列直链烷烃、烯烃和含氧烃类。特别是，费托合成的柴油产品价值高于相应的沥青制柴油/油制柴油，其十六烷值更高(大于50)，不含硫和氮。

唯一一项基于费托合成技术的商业运作，正是由南非国有石油公司SASOL开展的。该项目中煤液化(CTL)工艺的原料是煤，气制油(GTL)的原料是煤气。

参 考 文 献

[1] Canada's Oil Sands Overview and Outlook. Canadian Association of Petroleum Producers, Crude Oil and Oil Sands Publications. Calgary, Alberta, Aug. 2010.

[2] Government of Alberta Energy. Oil Sands Publications (updated July); http://

www. energy. alberta. ca/OilSands/oilsands. asp, Edmonton, Alberta, July 2011.

[3] Banerjee, D. K. Supercritical water processing of extra heavy crude in a slurry-phase up-flow reactor system. US Patent 7,922,895,2011.

[4] Banerjee, D. K. Combined thermal and catalytic treatment of heavy petroleum in a slurry-phase counter-flow reactor. US Patent 6,755,962,2004.

[5] Canadian Energy Development. Coprocessing process development screening study report 2835. Proposal submitted to Alberta government to build a commercial plant in Alberta, 1990.

[6] Boehm, F. G., R. D. Caron, and D. K. Banerjee. Coprocessing Technology Development in Canada. Energy & Fuels, 1982, 2: pp. 116 – 119.

第十章 非常规石油对传统炼厂的挑战

传统炼厂可能会根据管道供应物流的情况，处理一种或几种类型的原油。如果炼厂在一段时间内依次对若干种原油进行处理，那么炼厂就需要根据不同原油的油质调整炼油工艺条件。如果所有的原油都是常规原油，并且相互兼容，那么炼厂可能会将这些原油混合起来，以减少在炼油工艺条件下所需的调整，从而提高产量，提高运作的经济效益。

当油砂基原料沥青或改质后的沥青产品被凝析油或合成原油稀释后，再通过管道输送到炼厂时，混合物类型的变化会给炼厂带来巨大挑战，需要其做出若干的调整(关于常规原油和合成原油差别的详细说明，请参见第七章。)

图 10-1 显示了传统炼厂及炼厂可能收到的不同类型的合成混合物。图 10-1 中列举了合成原油、SynBit、SynDilBit 和 DilBit 4 种混合物(详见第六章)。为了简便起见，根据混合物成分的实际混合比，用近似整数来表示。在炼厂中往往有常压蒸馏塔和真空蒸馏塔，但为了简便起见，并未在图 10-1 中给出。图 10-1 的中间部分是一个 $10×10^4$ bbl/d 的常规原油炼厂中各装置的处理量(例如，该炼厂有一套处理能力为 $2.5×10^4$ bbl/d 的石脑油重整器，一套处理能力为 $3×10^4$ bbl/d 的馏分油加氢处理装置，一套处理 VGO 能力为 $2.5×10^4$ bbl/d 的 FCC 装置，以及一套处理渣油能力为 $2×10^4$ bbl/d 的延迟焦化装置)。在图 10-1 中，炼厂周围的 4 个方格表示 4 种不同的合成管道混合物及其成分组成，每一种混合物的总体积为 $10×10^4$ bbl/d。

下面将介绍合成混合物抵达炼厂时给传统炼厂所带来的各种难题。以图 10-1 为参考示例，用以比较炼厂在处理各种非常规石油混合物时的处理能力。

第一节 合成原油提炼中的难题

常规原油转换成合成原油后，炼厂面临的最大挑战是：合成原油与常规原油二者间存在的不相容性。不同的合成原油，因其来历(即其处理方法和各成分

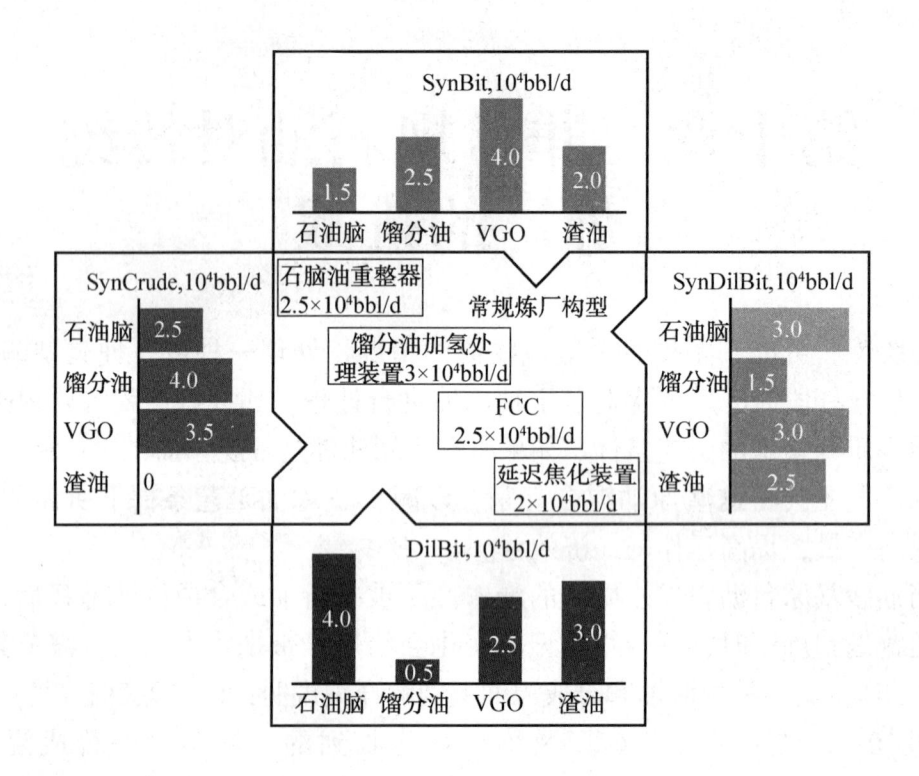

图 10-1　常规炼厂入口处各种类型的混合物组成

的来源)各不相同,其微分子状态的特性差别很大。首先,炼厂必须(严格)改变各个车间的催化剂和工艺条件。其次,由于合成原油不含渣油,如果一家炼厂仅有一套延迟焦化装置,那么无法通过该装置进行任何处理。然而,石脑油重整器却得以 2.5×10^4 bbl/d 的处理量满负荷运行,而馏分油加氢处理装置和 FCC 装置将必须处理过量(各 1×10^4 bbl/d)的原料。这些都会对炼厂产生经济上的影响。

第二节　SynBit 提炼中的难题

进入炼厂的合成原油如果换成 SynBit,就会给炼厂带来过量(4×10^4 bbl/d)的 VGO。因此,炼厂就需要另建一套 FCC 装置来处理这些过量的 VGO。炼厂在接收 SynBit 之前,必须确定如何处理 VGO。相比之下,由于在混合物中石脑油和馏分油的量不足,因此石脑油重整器和馏分油加氢处理装置得到的原料就会比较少,这两套装置都将在较低负荷下运行。如果一家炼厂以满负荷的 20%~40%去运行其他两套装置,那么就将对其利润率产生负面影响。然而,在这种情况下，给炼厂带来的唯一好处就是焦化装置将满负荷运行，因为 SynBit 中有 2×10^4 bbl/d 的渣油。

第三节　SynDilBit 提炼中的难题

可以用 SynDilBit 替代 SynBit。SynDilBit 是一种合成原油、凝析油和沥青的混合物。这种混合物包含来自凝析油和合成原油的高浓度石脑油（3×10^4 bbl/d），来自合成原油和原沥青的 VGO（3×10^4 bbl/d）以及来自沥青的渣油（2.5×10^4 bbl/d）。

在此情况下，炼厂将会遇到馏分油加氢处理装置方面的问题：由于馏分油的量仅为 1.5×10^4 bbl/d，馏分油加氢处理装置只能以半负荷运行。与此同时，其他三套装置（即石脑油重整器、FCC 装置和焦化装置）却不得不额外处理每种原料 5000bbl/d。如果炼厂决定要在很长一段时期内进行 SynDilBit 处理，那可能需要同时增加这三套装置的处理能力，同时降低馏分油加氢处理装置的处理能力。而这对炼厂来说无疑是一项重大投资。

第四节　DilBit 提炼中的难题

进入炼厂的 SynDilBit 如果换成 DilBit（或称哑铃型原油），由于其里面加有稀释剂，炼厂会突然收到大量（4×10^4 bbl/d）的石脑油。在大多数情况下，DilBit 里面含有非常轻的凝析油（并非石脑油）。因为炼厂通常不喜欢那些轻烃，所以尽管将其回输需要支付额外的运费，他们仍然可能会将其返还给生产商。此外，在混合物中还含有一种非常低的馏分（5%）。由于在凝析油和沥青中都不存在这种馏分，这样一来，馏分油加氢处理装置的原料量将仅达到其处理能力的 15% 左右。因此，柴油、航空燃油的产量将会非常低，可能无法满足市场的需求。这同样会对炼厂的利润率产生相当大的负面影响。

在 DilBit 中，有来自沥青自身的瓦斯油和渣油。FCC 将以满负荷 2.5×10^4 bbl/d 运行；然而，与常规原油出来的瓦斯油相比，即便沸程相同，这种瓦斯油的质量也要差些。如果炼厂对沥青制瓦斯油也使用相同的催化剂，那就会缩短 FCC 催化剂的寿命。因此，FCC 装置的运营成本将会增加。

与焦化装置的处理量相比，DilBit 的渣油含量要多出 50% 左右。因此，炼厂必须处理过量的渣油或提高焦化装置的处理能力。

除了上述简单的问题之外，当切换到非常规原料时，炼厂可能还要面临更困难的挑战，例如腐蚀和结垢。沥青属高酸值、高沥青质和高含硫原油，会加速炼厂的腐蚀和结垢。高酸值原油只能通过改变反应器壁的冶金技术来处理，而这对于现有装置来说显然是不切实际的。因此，新建炼厂时，应该根据专用原料来设计，且炼厂将会在很长时间处理这种特定原料。

第十一章　最终畅想——走向绿色

在2011年9月2日，就在我以为已经写完本书时，却在3×10^4ft的高空中突然萌生了续写本章的念头。当时我正在由美国飞往加拿大的航班上，阅读着当天加拿大的《环球邮报》。报纸的商业版引起了我的注意，涉及艾伯塔油砂的内容占据了多个篇幅，其中专门讨论了与艾伯塔提议的两条管道有关的问题。两条管道中有一条是Gateway管道，向西通往温哥华；另一条管道是Keystone XL管道，向南通往墨西哥湾。上面还有一些示威游行的照片，那是前一天在美国发生的、针对Keystone XL管道项目的示威游行。其中，有一条醒目的标语："我们不要脏油砂"[1]。

示威者的信仰，取决于他们到底认同哪些权威人士的意见。特别是在媒体和政治游说中，科学事实往往会被人们忽视掉。

目前所面临的最大挑战是如何应对近期全球能源需求的快速增长。因此，问题就变成了：我们能不管艾伯塔的油砂吗？至少目前，这个问题的答案是否定的。

的确，油砂和沥青是污染性的；然而，终归还是可以通过环保的方法对这些资源进行处理。另外，尽管石油工业依赖于高利润率，但他们有责任以环保的方式来处理这一问题——不惜任何代价。最重要的是，该行业需要与公众沟通，依靠可靠的科学数据进行实践，从而改善其形象。最后，美国人民需要明白，除非他们不开车，否则他们将不仅要依赖世界各国的石油，而且更离不开加拿大的污染性石油。

在前言中曾提到，燃烧更清洁的天然气来回收污染性沥青是不可取的。相反，使用部分沥青来生产沥青却意义重大。在第九章中讨论的那些方案代表了一种综合方法：通过在气化炉中使用来源于沥青的燃料，以此来减少沥青生产和改质过程中产生的温室气体的排放量。

思考一下，如果SAGD所用的蒸汽不用燃烧天然气来生产，那么可以用天然气做什么。例如，目前，沥青生产商生产10×10^4bbl沥青所用的蒸汽，要烧掉9200×10^4ft^{3}的天然气（图9-2）。如果不烧掉这些天然气来生产沥青（如第九章所述），而是将相同数量的天然气用在汽车上，那么其燃烧会比燃烧沥青制的汽油更环保，结果如下：

(1) 汽油的热值为 11.54×10⁴Btu/gal❶。

(2) 假定每加仑汽油能让汽车行驶 25mile❷。

(3) 如果严格按照热值(950Btu/ft³)而不是效率来计算，1gal 汽油相当于约 125ft³ 的天然气，换句话说，使用 125ft³ 天然气或 LNG，可以让汽车行驶 25mile。

(4) 因此，9200×10⁴ft³ 天然气，每天可以让 73.5 万辆汽车行驶 25mile。

(5) 或者，您还可以这么想：艾伯塔首府埃德蒙顿的人口有 80 万，如果不用这些天然气生产沥青，而将同样数量的天然气用于汽车上，那么每人每天都可以驱车 25mile。

由此，可以得出结论：如果从沥青生产到运输燃料废气排放，进行油井到车轮的 CO_2 排放计算，会发现总的环境排放量将会显著减少，尤其是 LNG 汽车，其 SO_x 排放量减少 99%，NO_x 排放量减少 90%。与沥青制汽油汽车相比，发生了巨大的变化。

就 CO_2 排放而言：

(1) 一辆车每天行驶 25mile，消耗 1gal 汽油就会排放约 20lb 的 CO_2。

(2) 每天驱车 25mile，如果用 125ft³ 的天然气替代 1gal 汽油，排放约 12lb 的 CO_2。

(3) 因此，如果用天然气替代车用汽油，一辆汽车每天就可减少 CO_2 排放 8lb。

(4) 因此，735000 辆汽车将减少 CO_2 排放量 588×10⁴lb 或 2670t/d。根据美国《国家地理》杂志的数据，常规原油生产过程中 CO_2 的排放量为 128lb/bbl，而在采矿作业和现场作业的生产和改质过程中，CO_2 排放量分别为 364lb/bbl 和为 388lb/bbl[2]。因此，沥青制汽油的 CO_2 排放量（在生产和改质过程中）比常规的、原油制汽油的排放量多出 3 倍；如果与天然气生产相比，它的 CO_2 排放水平会更高。

(5) 与 LNG 相比，汽油为液体，具有更高的能量密度，更容易处理和运输；然而，沥青制出的汽油，其总碳排放量却要高得多。

因此，天然气不仅在成本上低于沥青制燃料，而且其温室气体排放量与汽油(包括生产排放和废气排放)相比也少得多。诚然，与汽油相比，天然气会释放出更多的甲烷(一种温室气体)，但是除甲烷以外其他温室气体的排放却抵消了其总排放量。

燃煤发电厂的碳排放量远高于艾伯塔的油砂。艾伯塔并没有核反应堆。

---

❶1gal(美) = 3.785L。
❷1mile = 1609.344m。

第十一章 最终畅想——走向绿色

环保人士对核能同样也不喜欢，尽管它是可用的、最清洁的能源。他们又会相信哪些专家的观点呢？

不久前，人们曾认真地考虑过使用核反应堆作为清洁能源，用于生产艾伯塔沥青。这真的是一个有趣的概念：通过整合两大能源产业（即石油与核能），石油工业将致力于减少排放量以保持相对环保。

情况如此严重，以至于在2008年的油砂和重油技术会议上，加拿大的原子能公司都在展示两大能源整合，利用核反应堆减少沥青生产过程中CO_2的排放量，给人们创造更好的环境。根据该公司的说法，按汽油比2.5计算，通过SAGD技术每天生产沥青$30×10^4$bbl，将需要容量为1000MW的核反应堆才能满足油砂生产所需的足量蒸汽。[3] 由于核能可做到零排放，因此这可能是实现CO_2排放目标的唯一方法。

核能真的会是未来的解决方案吗？特别是在2011年3月日本发生核泄漏事故之后，对于这个问题必须慎之又慎。

目前，艾伯塔的沥青现场开采的产量超过$100×10^4$bbl/d。因此，将需要4个容量为1000MW的核电站，才能满足沥青生产所需的电力。

那么，对沥青进一步改质和提炼以达到运输燃料所需的额外能源又如何解决呢？汽车排出的尾气又怎么解决？

这是否意味着要拥有核动力车辆？当然不是！电动车怎么样？我们已经开始沿着这条路在走了，这肯定会成为一个更环保、更无碳的解决方案。不过，这里的假设前提是电力来自核能，而不是煤炭。谁出这笔钱呢？环保人士们又会不会同意这样做呢？这一决策最终会由经济效益来推动，而不是由环境推动。其他替代性清洁能源怎么样？还有很长的路要走，但是我们有足够的时间。我们还是在下一本书中讨论它们吧。

参 考 文 献

[1] Canada reveals expectation that US will back pipeline. Globe and Mail. September 2, 2011. Business section.

[2] Kunig R. The Canadian oil boom: scraping bottom. National Geographic. March, 2009: p. 46.

[3] Bird G., C. Cottrell, M. Tankus, S. Kuran. Nuclear applications in the oil sands. Oil Sands and Heavy Oil Technologies Conference, Calgary. Alberta, July 16, 2008.

附录 A 术 语

API 重度(API Gravity)：石油行业使用的密度指标之一，数学上使用式(3-1)来定义。这个指标是用美国石油学会(API)的英文缩写来命名的。

脱油沥青(Asphalt)：一种类似于沥青质的深度蒸馏产品，或使用烷烃溶剂抽提的产品。

沥青质(Asphaltenes)：沥青中最重且含量最多的芳香族馏分，在有正构烷烃存在时会沉淀析出，可溶于苯或甲苯中(参见预沥青质)。

常压柴油(AGO)：从温度低于 350℃ 的常压蒸馏中获得的液体产品。

常压渣油(Atmospheric Resid)：原油经过常压蒸馏后残留的不可蒸馏馏分。蒸馏的常用温度是 350℃(660°F)，因此常压渣油是在 350℃+(660°F+)的条件下获得的，并通常以这些条件来表示。

桶油当量(Barrel of Oil Equivalent, BOE)：用于比较各种能源的单位，其能量相当于 1bbl 石油的能量。具体说来，$1BOE = 580 \times 10^4 Btu$。

生物降解(Biodegradation)：自然环境、细菌或其他生物方式所导致的烃降解。

沥青(Bitumen)：天然存在的高度黏稠烃类，在油藏条件下的黏度大于10000cSt，API 重度小于 10°API，只能通过热处理或采掘的方法开采。该术语通常用来与艾伯塔油砂进行对比。

残炭(Carbon Residue)：一个试样在惰性气体环境中热解后的残留。这个指标能表明一种原油的结焦倾向。残炭测定的方法很多，通常根据测定方法的名称即可了解测试使用的专用设备[例如，康氏残炭法(CCR)、微残炭法或兰氏残炭法]。

焦炭、煅烧焦炭和生焦(Coke, Calcined Coke, Green Coke)：在商业经营中，生焦指的就是延迟焦化过程中形成的粗焦。为了降低生焦中的挥发性物质并改善其晶体结构，在把生焦出售给碳和石墨行业之前会对其进行煅烧(或把它加热到一个很高的温度)，该过程的产物就是煅烧焦炭。

焦化(Coking)：在不加氢和催化剂的情况下，把大分子烃分裂为小分子烃和固体焦炭的热裂解过程。

凝析油(Condensate)：从气藏中开采，或从天然气中回收的轻烃混合物，可用作沥青运输的稀释剂。

常规原油(Conventional Crude Oil)：使用常规方法(如泵抽)从油藏中开采的原油。

常规重油(Conventional Heavy Oil)：API重度为10~21°API、可与常规原油一同采出的烃。

煤油共炼(Coprocessing)：对煤炭和重油同时进行炼制。

裂化(Cracking)：通过把大分子键(如C—C、C—S、C—N或C—H)分裂成小分子而发生的一系列反应。

原油(Crude Oil)：自然存在的液态烃混合物，一般通过其物理性质来定义。

脱气原油(Dead Oil)：实验室分析使用的不含气重油样品。

脱沥青油(De-asphalted Oil/DAO)：使用正构烷烃溶剂从沥青中抽提的成分。

超重油/非常规重油(Extraheavy Oil/Unconventional Heavy Oil)：使用常规方法无法开采、自身不能流动的重油。超重油的API重度小于10°API，黏度小于10000cSt。

气化(Gasification)：含碳物质在高温、高压条件下转化为合成气的过程。

重油(Heavy Oil)：重油通常指的是API重度小于21°API的粗石油烃。

加氢裂化(Hydrocracking)：加氢后C-C键的裂化过程。在该过程中，重油中的大分子分裂成小分子液态油。

加氢(Hydrogenation)：加氢去除污染物(如S、N和金属)并使不饱和烯烃或芳烃变饱和的过程。

含气原油(Live Oil)：取自含气油藏的实际样品。

软沥青质(Maltene)：沥青中溶于正构烷烃的成分。

油砂(Oil Sand)：被沥青饱和的砂，大部分存在于艾伯塔。

热解沥青(Pitch)：从重油或沥青的加工过程中获得的一种半固态产品，类似于渣油。

PONA：烷烃、烯烃、环烷烃和芳烃。

卟啉(Porphyrin)：重油中的金属与氮键结合所形成的环形结构螯合物。

预沥青质(Pre-Asphaltene)：沥青质中不溶于苯或甲苯的成分。

采出水(Produced Water)：与重油(在海上钻井的情况下)或沥青(在SAGD开采的情况下)一起从生产井中采出的水。

渣油(Residue/Residuum/Resid)：重油在常压蒸馏或减压蒸馏后残留的不可蒸馏成分，通常以蒸馏时的等效大气温度来表示，如535°C+(1000°F+)。

胶质(Resin)：软沥青质中被硅胶或黏土柱所吸附、不能被正戊烷洗脱的成分。

SARA：饱和烃、芳烃、胶质和沥青质。

模拟蒸馏（Simulated Distillation，SimDist）：使用气相色谱仪快速确定原油沸点分布的方法。

甲烷蒸汽重整（Steam Methane Reforming，SMR）：利用蒸汽从天然气中生产氢气的方法。

合成气（Syngas）：气化装置的产品，是一氧化碳和氢的混合物。

合成原油（Synthetic Crude Oil，SCO，*Syncrude*）：重油或沥青改质后获得的不含渣油产品。

焦油（Tar）：沥青或煤炭分解蒸馏后所形成的高度黏稠物质。

焦油砂（Tar Sand）：油砂的错误叫法。根据定义，油砂中的油并不是焦油（参见焦油）。

改质（Upgrading）：使重油转化为较轻质的油。

减压柴油（Vacuum Gas Oil，VGO）：常压蒸馏后在减压条件下蒸馏出的挥发性物质，通常是350~535℃（660~1000℉）的馏分。

减压渣油（Vacuum Resid）：不对原油进行热解，在可达到的最高温度下仍然无法蒸馏的物质。蒸馏的等效大气温度取决于实际达到的真空度。但出于简化的目的，本书中使用的等效大气温度都是535℃+（1000℉+）。

水气变换反应（Water Gas Shift Reaction，WGS Reaction）：使用蒸汽从合成气中生产氢的方法。

附录 B 附加读物

Ancheyta, J., and J. G. Speight. 2007. Hydroprocessing of Heavy Oils and Residue. Boca Raton, LA: CRC Press.

Mullins, O. C., E. Y. Sheu, A. Hammami, and A. G. Marshall, eds. 2006. Asphaltenes, Heavy Oils, and Petroleomics. New York. Springer-Verlag.

Flint, L. 2004. Bitumen and Very Heavy Crude Upgrading Technology: A Review of Long Term R&D Opportunities. Calgary, AB: Alberta Energy Research Institute publication.

Strausz, O. P., and E. M. Lown. 2003. The Chemistry of Alberta Oil Sands, Bitumen and Heavy Oils. Calgary, AB: Alberta Energy Research Institute publication.

Gary, J. H., and G. E. Handwerk. 2001. Petroleum Refining Technology and Economics. 4th ed. New York: Marcel Dekker.

Leffler, W. L. 2000. Petroleum Refining in Nontechnical Language. 3rd ed. Tulsa, OK: PennWell.

Speight, J. G. 2000. The Desulfurization of Heavy Oils and Residue. 2nd ed. New York: Marcel Dekker.

Berkowitz, N. 1997. Fossil Hydrocarbons Chemistry and Technology. San Diego, CA: Academic Press.

Berkowitz, N. 1994. An Introduction to Coal Technology, San Diego, CA: Academic Press.

Altegelt, K. H., and M. M. Boduszynski. 1994. Composition and Analysis of Heavy Petroleum Fractions. New York: Marcel Dekker.

Gray, M. R. 1994. Upgrading Petroleum Residues and Heavy Oils. New York: Marcel Dekker.

Oballa, M. C., and S. S. Shih. 1993. Catalytic Hydroprocessing of Petroleum and Distillates. New York: Marcel Dekker.

Le Page, J. F., S. G. Chatila, and M. Davidson. 1992. Resid and Heavy Oil Processing. Paris: Editions Technip.

Butler, R. M. 1991. Thermal Recovery of Oil and Bitumen. Englewood Cliffs,

New Jersey: Prentice-Hall.

Seyer, F. A., and C. W. Gyte. 1989. A Review of Viscosity—AOSTRA Technical Handbook Publication on Oil Sands, Bitumens and Heavy Oils. L. G. Hepler and C. His (eds.). Edmonton, AB: Alberta Oil Sands Technology and Research Authority (AOSTRA) publication.

Wallace, D. 1988. A Review of Analytical Methods for Bitumens and Heavy Oils. Edmonton, AB: Alberta Oil Sands Technology and Research Authority.

Strausz, O. P., and E. M. Lown. 1978. Oil Sands and Oil Shale Chemistry. New York: Verlag Chemie International Inc.

附录 C 合作人员

姓　　名	合作时的附属(或隶属)机构	注　　释
Dr. P. K. Mukhopadhyaya	Indian Institute of Technology (IIT) Delhi; and Director, R&D, Indian Oil Corp., Faridabad	因其对印度石油行业所做的杰出贡献而获总统奖;当我还是一个研究生(M. Tech)时,他就曾一直激励我从事石油研究
Dr. B. Karunesh	Dean of Postgraduate Studies, IIT, Delhi	
Prof. S. L. Chawla	IIT, Delhi	
Dr. K. L. Mallik	Indian Institute of Petroleum, Dehradun	后来成为孟买 Lubrizol India Ltd 的总经理
Prof. Dr. Docent V. Vantu	Institute of Petroleum and Gas (IPG), Ploiesti, Romania	罗马尼亚科学院院士
Dr. V. Matei	IPG Ploiesti, Romania	
Prof. K. J. Laidler	University of Ottawa, Ontario	在化学动力学领域曾获得无数国际荣誉
Dr. W. H. Dawson	CANMET Energy Research Laboratory, Ottawa, ON	后来成为位于艾伯塔埃德蒙顿市的加拿大国家重油研究中心(NCUT)的负责人
Dr. D. J. Patmore	CANMET, Ottawa, ON	后来加入位于艾伯塔埃德蒙顿市的 NCUT
Dr. F. G. Boehm	President, Canadian Energy Development (CED) Inc., Edmonton, AB	
Prof. Emeritus N. Berkowitz	University of Alberta (UofA) and CED, Edmonton, AB	因其对煤炭研究所做的杰出贡献获得加拿大最高荣誉勋章(1984年)
Dr. N. E. Anderson	Kilborn Energy, Toronto, ON	
Dr. L. K. Lee	Alberta Research Council, Edmonton, AB	后来加入位于新泽西州普林斯顿市的 HRI
Prof. M. R. Gray	Holder of NSERC/Imperial Oil Chair in Oil Sands Upgrading, and Director, Centre for Oil Sands Innovation U of A, Edmonton	目前任职:位于埃德蒙顿的艾伯塔大学副教务长

续表

姓　　名	合作时的附属(或隶属)机构	注　　释
Prof. J. H. Masliyah	Holder of NSERC Chair in Oil Sands Engineering, U of A, Edmonton	因其对油砂研究所做的杰出贡献，获得加拿大最高荣誉勋章（2006年）
Dr. T. Yoshida	Director, Hokkaido National Research Institute, (HNRI) Sapporo, Japan	
Dr H. Nagaishi	HNRI, Sapporo, Japan	
Dr. B. Solari	Intevep (Petroleum Research Center), Pdvsa Los Teques, Venezuela	
Dr. B. S. Chahar and Dr. B. A. Newman	R&D Center Conoco Inc., Ponca City, Oklahoma	
Dr. Y. T. Shah	Sr. Vice-Provost Research, Clemson University, Clemson, South Carolina	
Prof. Emeritus A. K. Bose	Stevens Institute of Technology, Hoboken, New Jersey	因其对绿色化学研究所做的杰出贡献而获得总统奖
Dr. S. Dighe	President, Westinghouse Plasma Corp., Pittsburg, Pennsylvania	
Prof. P. Pereira-Almao	Holder of NSERC/Nexen Chair in In-Situ Recovery, University of Calgary, AB, Canada	